电力系统 电气二次回路 作业风险管控

黄国平　倪伟东　陈桥平 等　编

中国电力出版社
CHINA ELECTRIC POWER PRESS

内容提要

本书按照二次设备及回路工作安全技术措施管理要求，结合现场实际详尽阐述了电力系统二次设备及回路作业的风险及控制措施、风险辨识及建立风险库、跨专业作业风险分析及制定管理与技术措施，全书共四章，主要内容包括：电力系统二次设备及回路作业风险分析及控制措施、风险辨识及建立风险库（包括定检、缺陷处理、技改、工器具等）、二次安全措施管理、二次回路跨专业作业安全措施管理内容与要求（包括一次设备试验、检修、变电运行专业，二次继电保护、计量、自动化、通信、电测等专业）。

本书图文并茂，采用大量的二次设备及回路工作典型案例进行阐述，内容与现场紧密结合，可作为从事二次继电保护、计量、自动化、通信、电测专业，一次设备试验、检修、变电运行等专业现场作业指导用书，也可作为设备管理人员及高等院校相关专业师生的参考书。

图书在版编目（CIP）数据

电力系统电气二次回路作业风险管控/黄国平等编．—北京：中国电力出版社，2019.3

ISBN 978-7-5198-2870-7

Ⅰ．①电…　Ⅱ．①黄…　Ⅲ．①电气回路－二次系统－工程施工－风险管理　Ⅳ．①TM645.2

中国版本图书馆 CIP 数据核字（2019）第 005224 号

出版发行：中国电力出版社
地　　址：北京市东城区北京站西街 19 号（邮政编码 100005）
网　　址：http://www.cepp.sgcc.com.cn
责任编辑：丰兴庆（fxingqing@126.com）
责任校对：黄　蓓　郝军燕
装帧设计：张俊霞　王红柳
责任印制：石　雷

印　　刷：北京雁林吉兆印刷有限公司
版　　次：2019 年 8 月第一版
印　　次：2019 年 8 月北京第一次印刷
开　　本：850 毫米×1168 毫米　32 开本
印　　张：5.875
字　　数：149 千字
印　　数：0001—2000 册
定　　价：24.00 元

编审委员会

前言

二次设备是对一次设备（如发电机、变压器、断路器、隔离开关、电力电缆、母线、输电线路、电抗器、电容器、电流互感器、电压互感器等）起监视、控制、保护、调节、测量等作用的设备，如控制与信号器具、继电保护及安全自动装置、测量仪表、操作电源等。二次设备及其相互间的连接电路即为二次回路。二次设备及回路是电气设备的连续可靠和安全运行的重要保证。

二次设备及回路是变电站现场维护的重要内容，通过事故调查分析发现，由于在二次设备及回路上作业点多面广、风险隐蔽的特点，二次回路误短接、误碰、误开路、误投等造成的事故仍然时有发生。二次设备及回路作业出现安全措施遗漏和疏忽，将导致事件扩大。电气二次作业是“隐形的高风险作业”，实施的过程中更是“一环扣一环，环环险象环生”，一定要注重细节。作业人员百密而一疏，疏忽了细节，必将造成人为责任事故。

本书是在总结多年现场工作及培训经验的基础上编写而成的，旨在提高作业人员对二次设备及回路工作的安全措施实施水平，有效应对二次设备及回路作业的风险。本书按照二次设备及回路工作安全技术措施管理要求与现场实际相结合的方式，阐述了电力系统二次设备及回路作业的风险及控制措施，主要内容包括：电力系统二次设备及回路作业风险分析及控制措施、风险辨识及建立风险库（包括定检、缺陷处理、技改、工器具等）、二次安全措施管理、二次回路跨专业作业安全措施管理内容与要求（包括一次设备试验、检修、变电运行专业，二次继电保护、计量、自动化、通信、电测等专业）。

本书图文并茂，内容与现场紧密结合，是二次设备及回路维护人员、管理人员的技能培训读物，可供高等院校相关专业的师生参考阅读。

本书由佛山供电局黄国平、倪伟东及广东电网电力调度控制中心陈桥平等编写，参加编写的还有广东电网电力调度控制中心曾耿晖、李一泉、袁亮荣、广州供电局黄华斌及佛山供电局吴海江、陈锦荣、黄锷、黎永豪、王跃强。

编写组在此谨对在本书编辑及出版过程中给予指导和支持的南方电网系统运行部继保处处长丁晓兵、广东电网电力调度控制中心主任黄明辉表示衷心的感谢！由于时间紧迫，加之编者水平有限，疏误之处在所难免，恳请各位专家及广大读者批评指正。

编　者

2018 年 7 月于佛山

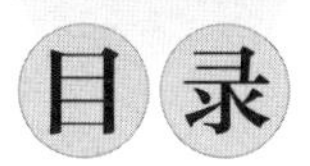
目 录

第一章

电力系统二次设备及回路作业风险分析及控制措施

第一节　电流互感器二次回路作业过程中危险点分析及控制

一、风险概述

电流互感器（简称 TA）：是将一次回路的大电流成正比地变换为二次小电流以供给测量、计量、继电保护及其他的电气设备使用。一次电流 I_1 与二次电流 I_2 之比值等于二次绕组匝数 N_2 与一次绕组 N_1 匝数之比，即 $I_1/I_2=N_2/N_1$，如图 1-1 所示。

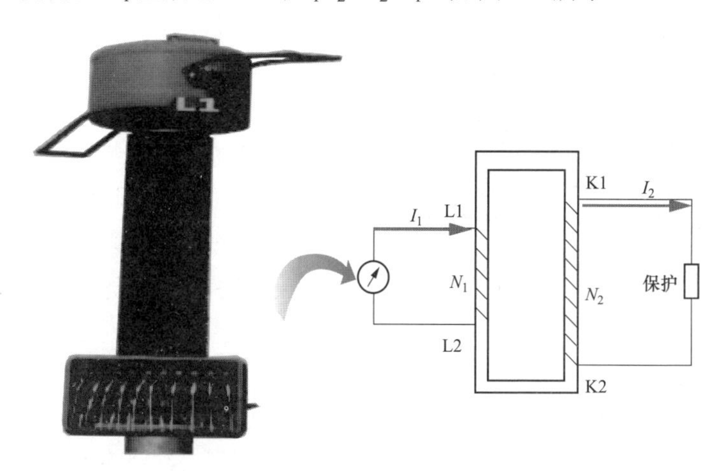

图 1-1　电流互感器本体及二次原理图

电流互感器二次侧开路，就会在二次绕组两端产生很高（甚至可达数千伏）的电压，不仅可能损坏二次绕组的绝缘，而且将会严重危及人身安全。另外，由于磁感应强度剧增，使铁芯损耗增大，严重发热，甚至烧坏绝缘。因此，严禁电流互感器二次侧开路且只能有一点接地。

在带电电流互感器二次回路上工作时，常见的风险如下：

（1）在电流互感器与短路端子之间的回路和导线上工作时，造成开路。

（2）工作时，没设专人监护，不使用绝缘工具，没有站在绝缘垫上。

（3）电流互感器二次回路中装设熔断器。

（4）工作过程中将回路的永久接地点断开。

（5）短路电流互感器二次绕组，不使用专用短路片或专用短路线，采用导线缠绕。

二、在带电电流互感器二次回路上作业风险

【危险点 1】 未用专用短接线或短接片短接好电流互感器侧就先将中间连接片打开，造成电流互感器二次侧开路，如图 1-2 所示。

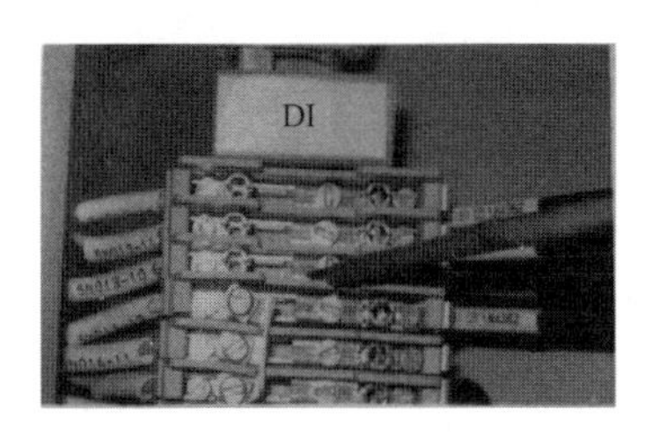

图 1-2　未短接电流端子即打开中间连接片图

【防范措施】

（1）在开工前根据现场实际或竣工图，在 DI 端子排将应短接电流互感器回路按先后顺序写入二次设备及回路工作安全技术二次措施单。措施单填写如下：

（2）先确认保护出口连接片（即压板）在退出位置，在 DI 端子排 TA 侧（即电缆侧）将专用短接线或短接片的接地线与地相连接（因为母差保护所有出线元件的电流互感器二次回路 N 线均在保护屏一点接地），然后依次将 N、C、B、A 短接；如母差保护所有出线元件的电流互感器二次回路 N 线均在各自端子箱一点接地（无需将专用短接线或短接片的接地线与地相连接），依次将 N、C、B、A 短接，专人检查无误后，用电流钳表测量保护侧无电流后再打开中间电流连接片，记录并在执行过程中逐一确认，如图 1-3 所示。

（单位名称）厂站二次设备及回路工作安全技术措施单

措施单编号：

<table>
<tr><td colspan="3">工作票编号</td><td colspan="3"></td></tr>
<tr><td>序号</td><td>执行</td><td>时间</td><td>安全技术措施内容</td><td>恢复</td><td>时间</td></tr>
<tr><td>1</td><td></td><td></td><td>在61P220kV母差保护屏I端子排处用专用短接片短接TA侧DI1、DI2、DI3、DI4母联4362组电流二次回路，打开连接片，密封剩余未短接的运行间隔电流端子</td><td></td><td></td></tr>
<tr><td>2</td><td></td><td></td><td>在61P220kV母差保护屏I端子排处用专用短接片短接TA侧DI7、DI8、DI9、DI10 1号变压器高压侧4362组电流二次回路，打开其连接片，密封剩余未短接的运行间隔电流端子</td><td></td><td></td></tr>
<tr><td>3</td><td></td><td></td><td>……</td><td></td><td></td></tr>
<tr><td>4</td><td></td><td></td><td>……</td><td></td><td></td></tr>
</table>

<table>
<tr><td rowspan="2">工作负责人
（审批）</td><td rowspan="2"></td><td>执行人</td><td></td><td>监护人</td><td></td></tr>
<tr><td>恢复人</td><td></td><td>监护人</td><td></td></tr>
<tr><td colspan="6">备注：</td></tr>
</table>

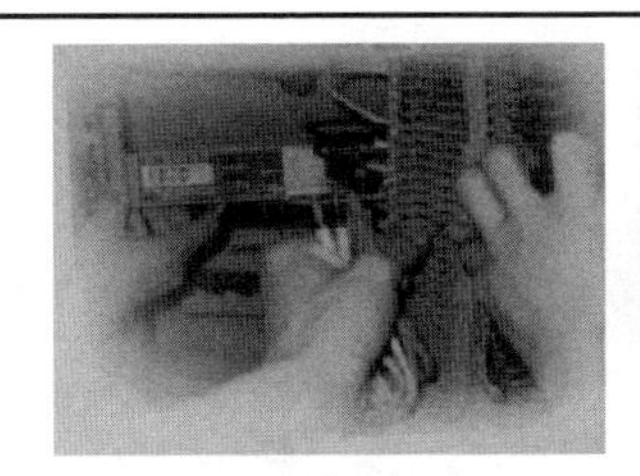

图1-3　短接电流端子顺序图

（3）不论是短接还是恢复工作均要严防电流互感器开路，均要使用绝缘工具，并站在绝缘垫上。

【危险点2】 未先将中间电流连接片连上，即拆除DI端子排TA侧电流互感器二次回路专用短接线或短接片，造成电流互感器二次侧开路。如图1-4所示。

【防范措施】

恢复时先将中间电流连接片连上再拆除短接线或短接片。

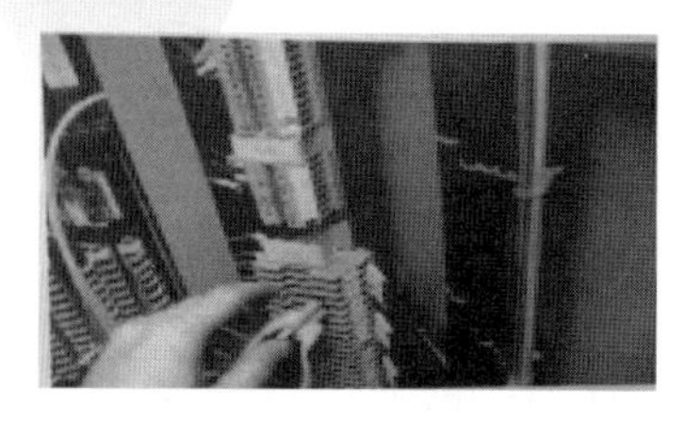

图 1-4　未连接中间连接片即拆除电流专用短接线图

应依次将 N、C、B、A 打开的中间电流连接片连接可靠，专人检查无误后，再依次按 A、B、C、N 的顺序拆除短接线并做好记录。如图 1-5 所示。

【危险点 3】 短接线或短接片短接位置错误，在 DI 端子排非 TA 侧（即保护侧）用专用短接线或短接片将电流互感器二次回路短接，如图 1-6 所示。

图 1-5　先连接中间电流连接片再拆除短接线顺序图

【防范措施】

在开工前根据现场实际情况或竣工图，确定短接线或短接片短接位置。

【危险点 4】 使用的短接线或短接片在短接过程中未先接地。拆除短接线或短接片时误将接地点先拆除。如图 1-7、图 1-8 所示。

图 1-6　短接线短接电流端子位置错误

【防范措施】

在短接电流互感器二次回路之前应该先将接地点连接可靠，经过第二个人检查确认后，才能进行下一步工作；拆除时应该拆除其他相（即 A、B、C、相）后才能拆除接地线（即 N 相）。

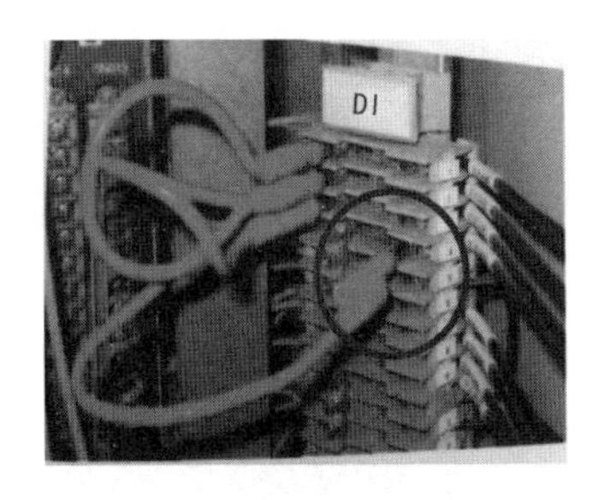

图 1-7　短接时未先接地

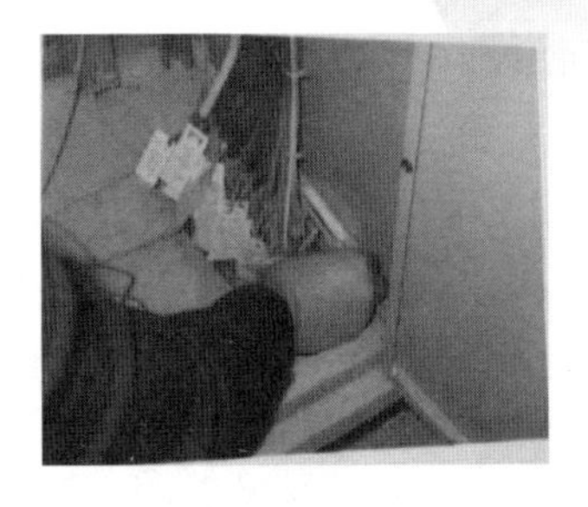

图 1-8　拆除短接线时先拆接地

【危险点 5】 在电流互感器回路上工作不使用绝缘工具和绝缘垫，如图 1-9 所示。

【防范措施】

根据《电力安全工作规程》要求。防止电流互感器二次开路产生高电压击伤，不论是短接或恢复工作均要严防电流互感器开路，均要使用绝缘工具，并站在绝缘垫上，如图 1-10 所示。

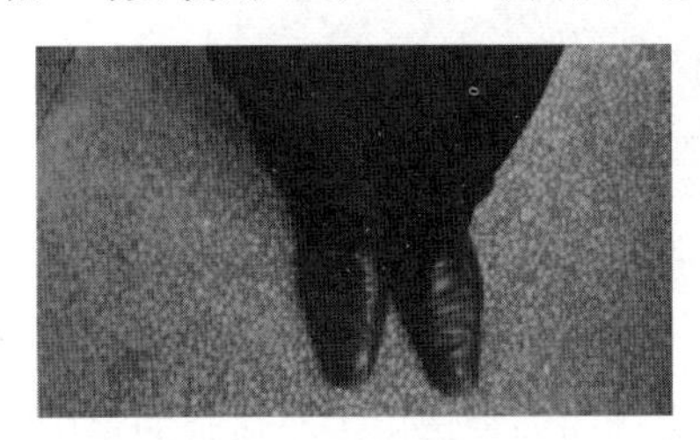

图 1-9　不使用绝缘垫

图 1-10　站在绝缘垫上

【危险点 6】 采用电流互感器二次回路专用短接线中间环或短接线头节断离或松动脱离。如图 1-11 所示。

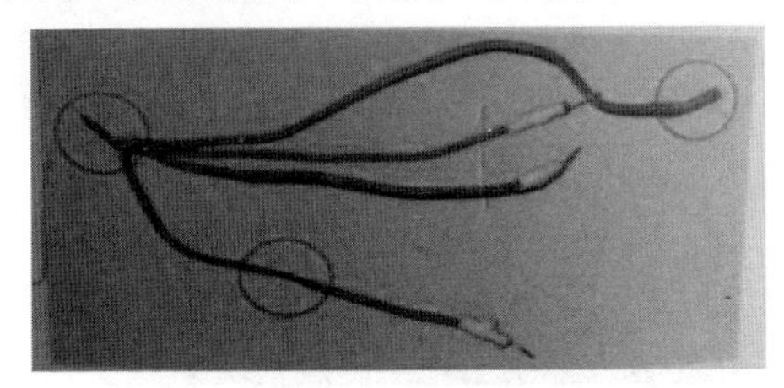

图 1-11　专用短接线中间环或短接线头节断离或松动脱离

【防范措施】

使用前用万用表检查电流互感器二次回路专用短接线或短接头质量，如图 1-12、图 1-13 所示。

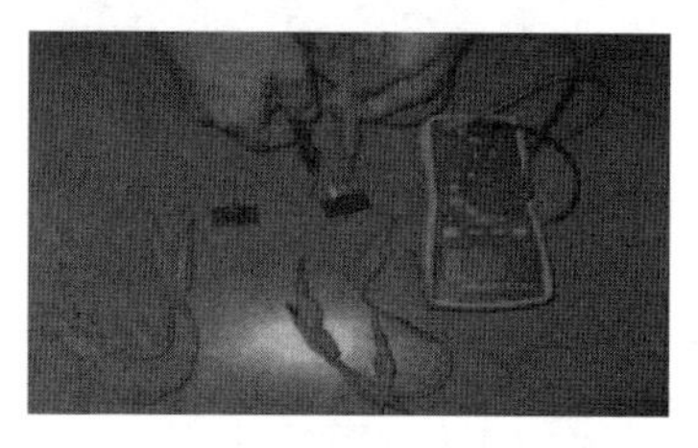

图 1-12　用万用表检查专用短接头

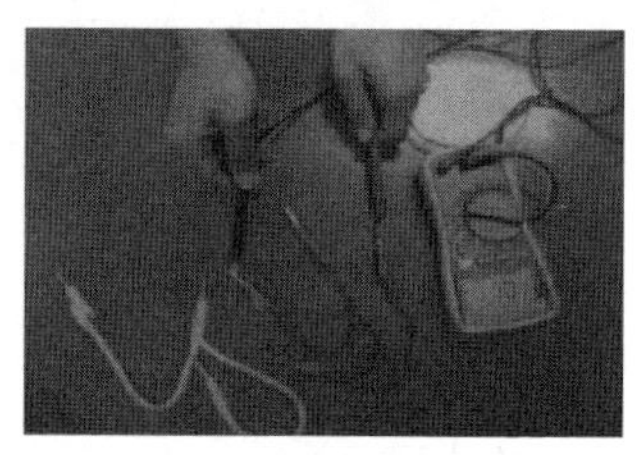

图 1-13　用万用表检查专用短接线

【危险点 7】 电流互感器二次回路专用短接线的线径小或线头过大，如图 1-14 所示。

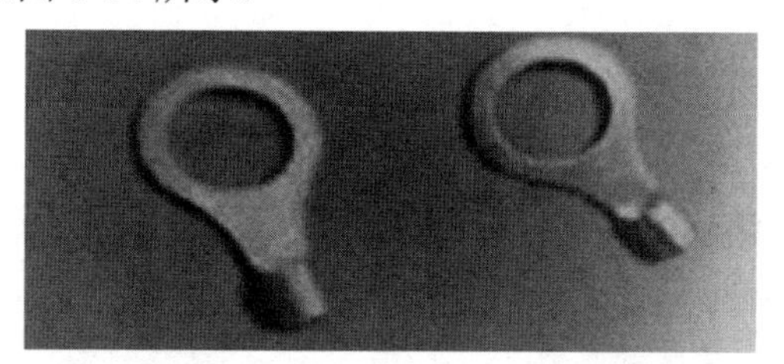

图 1-14　专用短接线的线径小或线头过大

【防范措施】

使用互感器二次回路专业短接的外径选用大小适合的短接线的线径或线头。

【危险点 8】 使用的电流互感器二次回路专用短接头与端子短接排线孔不匹配，如图 1-15 所示。

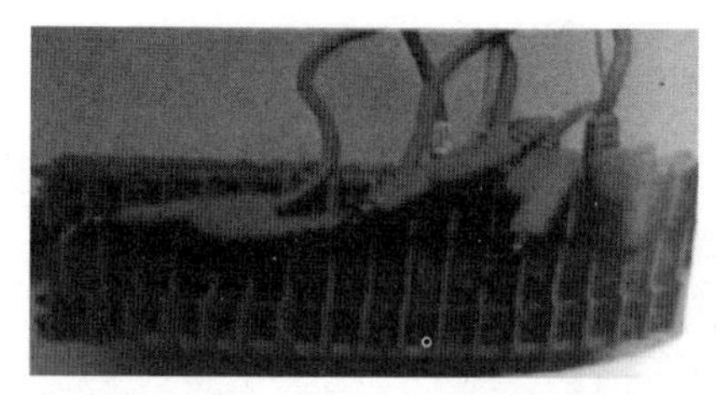

图 1-15　专用短接头与端子短接排线孔不匹配

【防范措施】

使用的电流互感器专用短接头要与端子排适配。如图 1-16 所示。

图 1-16　专用短接头与端子排适配

【危险点 9】 使用的电流互感器二次回路专用短接头过多将端子排挤坏等，如图 1-17 所示。

图 1-17　专用短接头过多将端子排挤坏

【防范措施】

在拥挤的端子排处尽量避免同时使用多组电流互感器专用短接头，如图 1-18 所示。

图 1-18　拥挤的端子排处避免同时使用多组专用短接头

三、在停电的电流互感器二次回路上作业风险

【危险点 1】 工作完毕后，忘记把电流连接片可靠连接，造成开路，如图 1-19 所示。

图 1-19　电流连接片未可靠连接

【防范措施】

电流互感器二次绕组开路情况检查。为了防止电流互感器二次绕组开路，用万用表分别测量电流互感器侧和保护侧通断情况，两侧未发生异常（均通）后将端子排中间连接片连接并紧固，如图 1-20、图 1-21 所示。

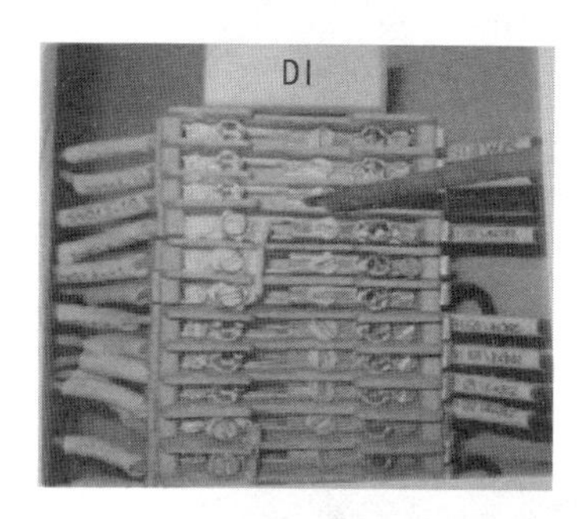

图 1-20　连接中间连接片

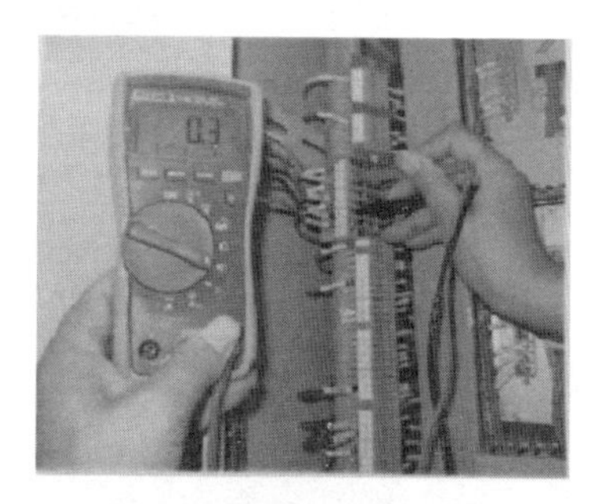

图 1-21　测量电流互感器侧和保护侧通断情况

【危险点 2】 电流回路恢复时接地点位置错误或接地点未接，如图 1-22 所示。

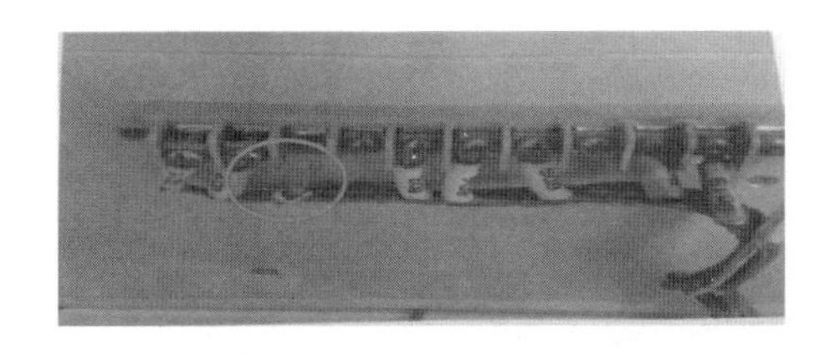

图 1-22　接地点位置错误或接地点未接

【防范措施】

差动保护等保护电流回路，一点接地的接地线应装设于保护屏柜内的接地铜排上，如图 1-23 所示。如差动保护所有出线元件的电流互感器二次回路 N 线均在各自端子箱一点接地，应保证各自端子箱一点接地可靠。

图 1-23　接地线应装设于保护屏柜内的接地铜排上

【危险点 3】电流端子紧固定操作不当或清扫工作时误碰其他回路，如图 1-24、图 1-25 所示。

【防范措施】

相关回路端子紧固，防止力度过大而拧坏端子，保证接线正确，并进行复查，防止误碰，注意随身金属器件，螺丝刀应使用绝缘材料包好，只能露刀口部分，如图 1-26 所示。

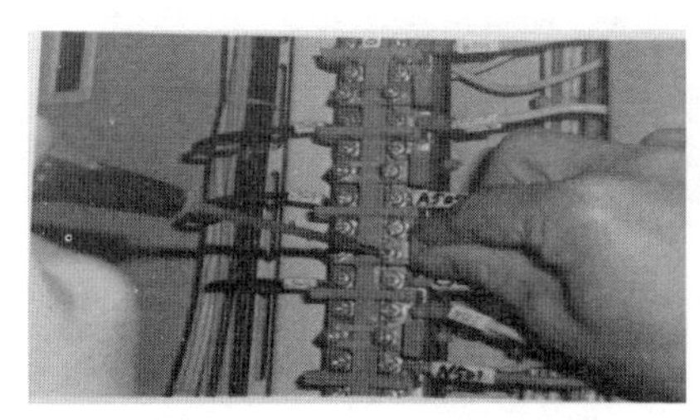

图 1-24　电流端子紧固定操作不当

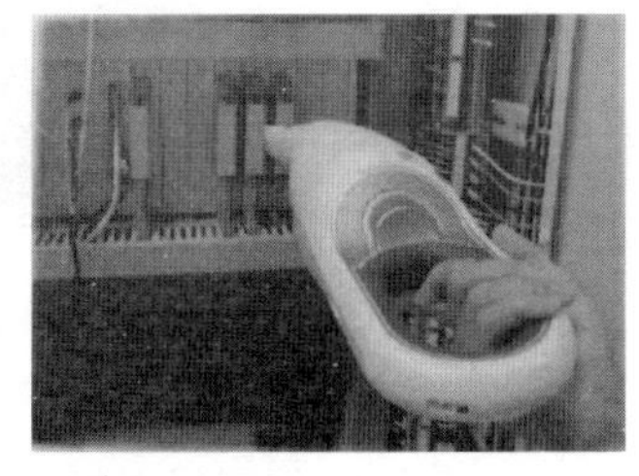

图 1-25　清扫工作时误碰其他回路

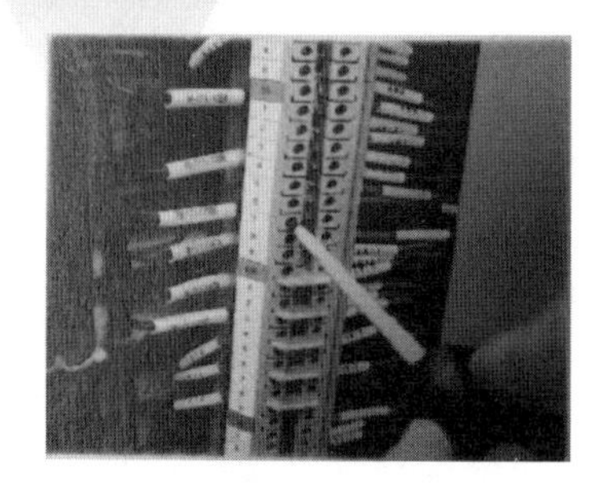

图 1-26　用绝缘材料包好螺丝刀，只露刀口部分

【危险点 4】 无电流就带负荷测试。

【防范措施】

带负荷测试检查是对交流电压、电流回路，尤其是电流回路最直接的检查，也是投入运行前最后检查。投入运行后的带负荷测试检查应注意以下几点：

（1）必须保证有足够电流值，电流太小则无法正确判断。一般应大于额定电流的 30%。

（2）必须测量 N 线上的不平衡电流，以验证电流回路的完整性。正常运行情况下，三相电流对称，N 线上的电流很小，而在发生接地故障时，电流必须借助 N 线回流，N 线断线将造成保护的不正确判断。有必要进行试验验证，在测量 N 线电流值为零的情况下，在退出相关联的保护，在室外端子箱人工短封一相电流，人为造成 N 线上有电流流通，以判断 N 线的完整。

四、电流互感器二次回路开路典型案例

【案例 1】 误拔电流继电器或 AC 插件。

如图 1-27 所示，在运行中的设备上工作，如误拔电流继电器，使大电流端子失去弹性或接触不良，将造成电流互感器二次开路；如误拔 AC 插件，也将造成电流互感器二次开路。

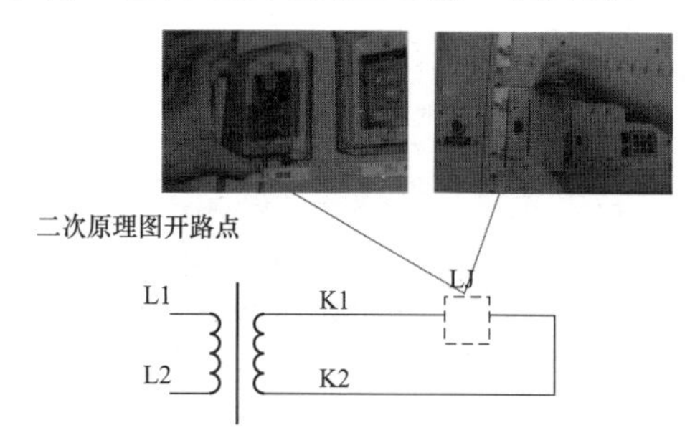

图 1-27　误拔电流继电器或 AC 插件

【防范措施】

（1）拔电流继电器、AC 插件前必须将对应运行的保护退出。

（2）拔电流继电器、AC 插件前必须在保护屏端子排处将电流二次回路用专用短接片或短接线短接。

（3）拔电流继电器、AC 插件时必须有专人监护。

（4）恢复时要检查电流继电器、AC 插件是否接触可靠，才将电流回路的专用短接线解除，并确认无误后将对应的保护投入运行。

【案例 2】 保护定检操作不当。

（1）保护与其他装置（如 UFV、安全稳定、录波等）共用一组电流互感器绕组，在保护定检时应防止按频率电压减负荷装置（UFV）等装置误动作，在保护屏端子排处保护侧短接后打开至 UFV 等装置的电流回路连接片，工作完成后，拆除了短接线而忘记恢复连接片，造成电流互感器二次回路开路，如图 1-28 所示。电流互感器二次开路点的二次原理，如图 1-29 所示。

图 1-28　拆除了短接线而忘记恢复连接片

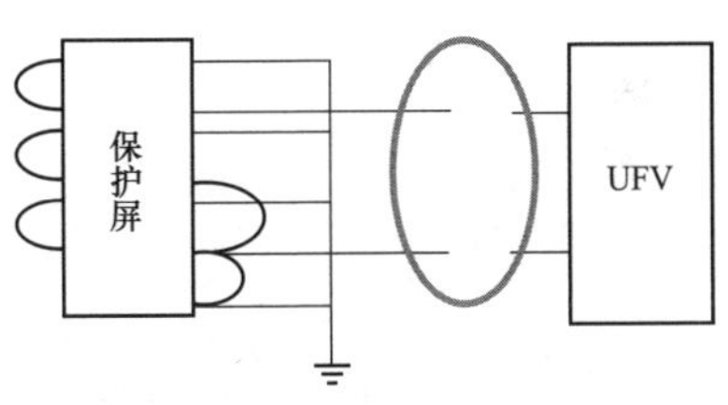

图 1-29　电流互感器二次开路点的二次原理图

（2）母差保护定检时，未在端子排处短接进线侧电流互感器，直接打开端子中间可动连接片，造成电流互感器二次开路，如图 1-30 所示。电流互感器二次开路点的二次原理，如图 1-31 所示。

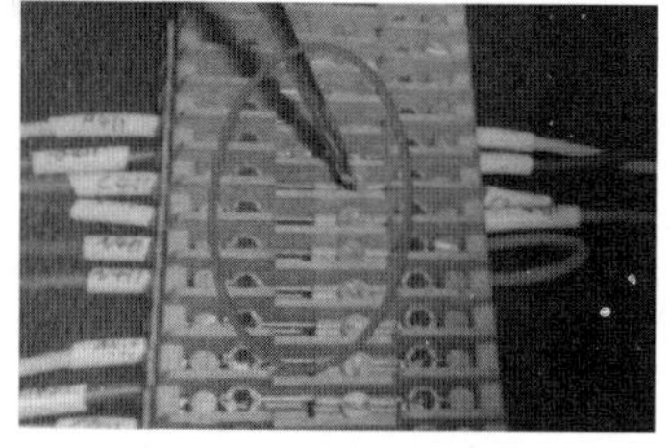

图 1-30 未短接直接拨开端子中间可动连接片

（3）保护定检工作完成后忘记恢复中间可动连接片，造成电流互感器二次开路。如图 1-32 所示。电流互感器二次开路点的二次原理，如图 1-31 所示。

（4）母差保护定检时，未恢复中间可动连接片，直接拆除专用短接片（或短接线），造成电流互感器二次开路，如图 1-33 所示。电流互感器二次开路点的二次原理如图 1-31 所示。

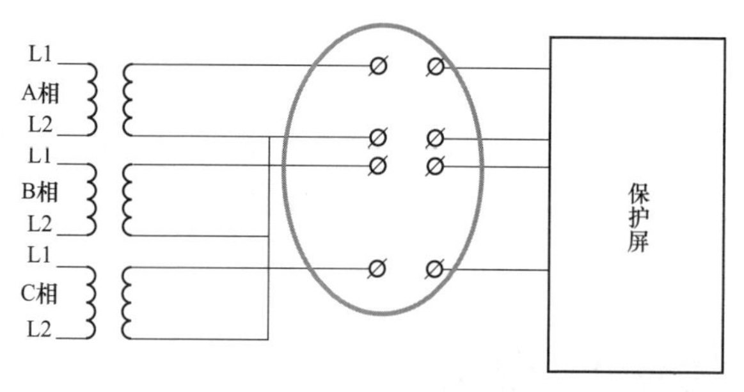

图 1-31 电流互感器二次开路点的二次原理图

图 1-32 忘记恢复中间可动连接片

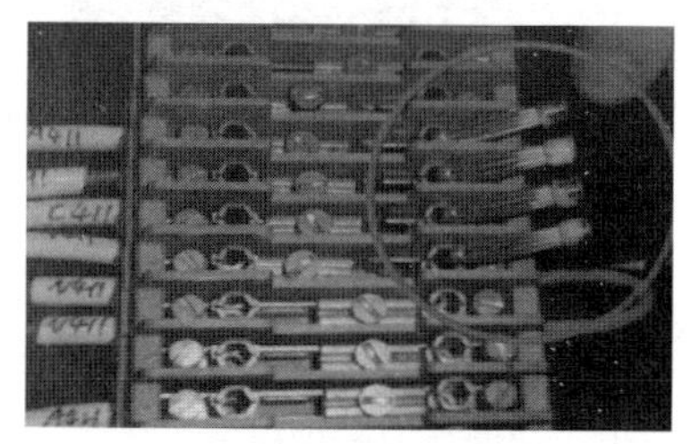

图 1-33 未恢复中间可动连接片，直接拆除专用短接片

【防范措施】

以上四种情况的防范措施：

（1）严格执行厂站二次设备及回路工作安全技术措施单。

（2）必须有专人监护和专人执行。

（3）保护定检时短接电流回路的原则：先用专用的电流互感器短接线（或短接片）在电流互感器进线侧短接，保留电流互感器二次侧的永久接地点，确认短接可靠后才打开中间可动连接片；恢复时先连接并紧固好中间连接片，再拆除专用的电流互感器短接线（或短接片）。

（4）定检工作中解开的电流回路线或打开的中间可动连接片要及时做好记录，工作完毕后，对照记录逐一检查恢复情况。

【案例 3】 在运行的二次回路中，误改变电流回路的接线运行方式。

（1）旁路断路器代主变压器断路器运行，进行电流切换时，操作不当，造成电流互感器二次开路，如图 1-34 所示。电流互感器二次开路点的二次原理，如图 1-35 所示。

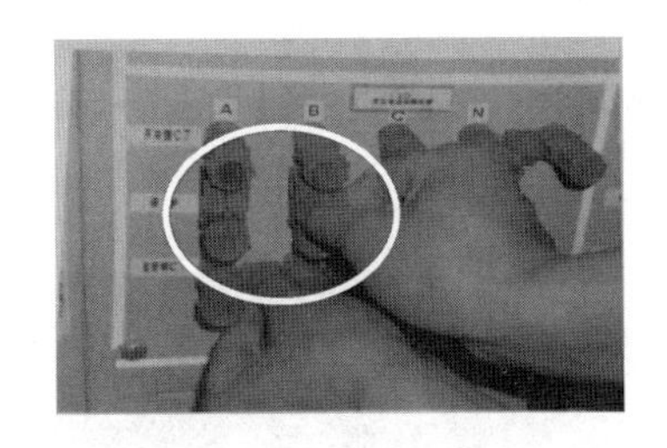

图 1-34　电流切换操作不当

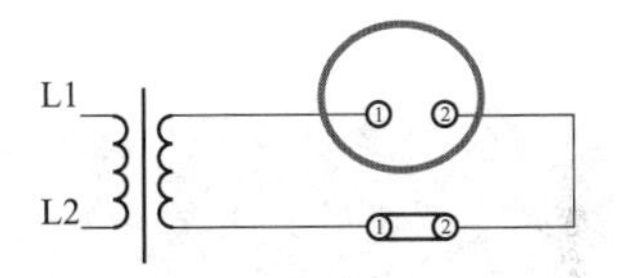

图 1-35　电流切换操作不当造成电流互感器二次开路点的二次原理

（2）在端子箱内使用普通端子排或在电流互感器二次接线柱，接电流回路二次接线时，线头打圈过大或方向不对，长期运行松动，造成电流互感器二次开路。

（3）带负荷测试时钳形电流表“表头过大”（指钳形电流表钳表太大，挤压相邻电流线造成松脱而使相邻电流线二次开路），将电流回路破坏造成电流互感器二次开路。

【防范措施】

以上三种情况的防范措施：

（1）运行人员改变运行接线方式时，操作要严格执行操作票。

（2）必须专人监护和专人操作。

（3）按“先连通、再短接、后打开”原则进行电流切换操作。

（4）用于差动保护的电流回路，切换操作前应先将保护出口压板退出。

（5）严禁在运行的电流回路上进行三角/星形（D/y）变换改线工作。

（6）应严格按照接线工艺要求进行电流回路接线，防止线头打圈过大或方向不对。

（7）在进行带负荷测试时，应严禁拔拉电流接线，避免采用“表头过大”的钳形电流表。

【案例 4】 使用电流端子不当。

（1）使用电流端子时，端子中间的可动连接片未用螺钉紧固，造成电流互感器二次开路，如图 1-36、图 1-37 所示。

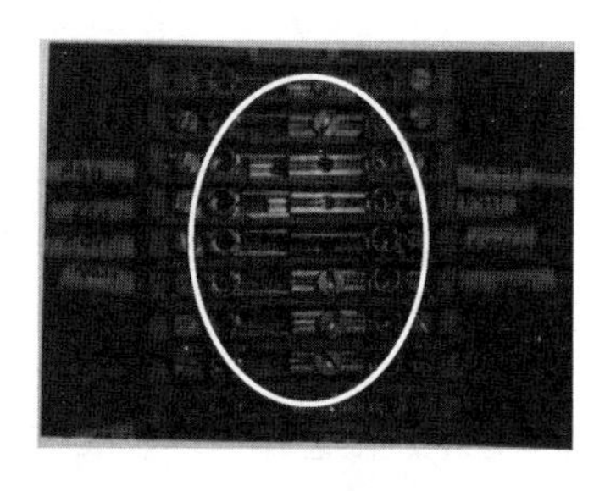

图 1-36　连接片未紧固

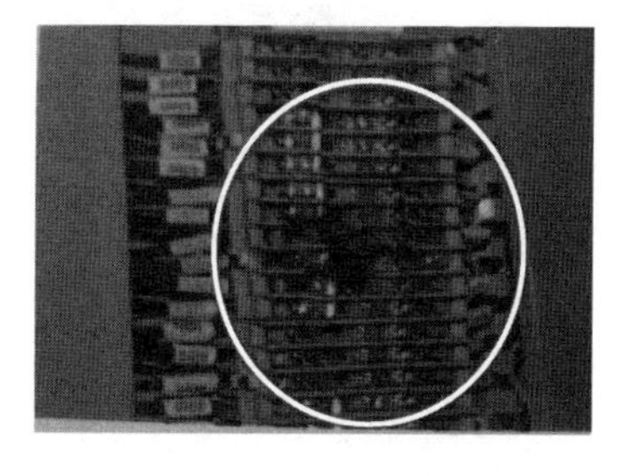

图 1-37　连接片未紧固而烧坏

（2）用专用的短接片短接运行中的电流回路，由于短接的位置错位，未核对无误即打开中间可动连接片，造成电流互感器二次开路，如图 1-38 所示。电流互感器二次开路点的二次原理，如图 1-39 所示。

图 1-38　短接的位置错位

（3）恢复短接的电流回路，在拔出专用的短接片时用力过大，使端子松动变形，造成电流互感器二次开路，如图 1-40 所示。

【防范措施】

（1）工作中严格执行监护制度，要设专人检查核对，验收时严格按照验收细则执行。

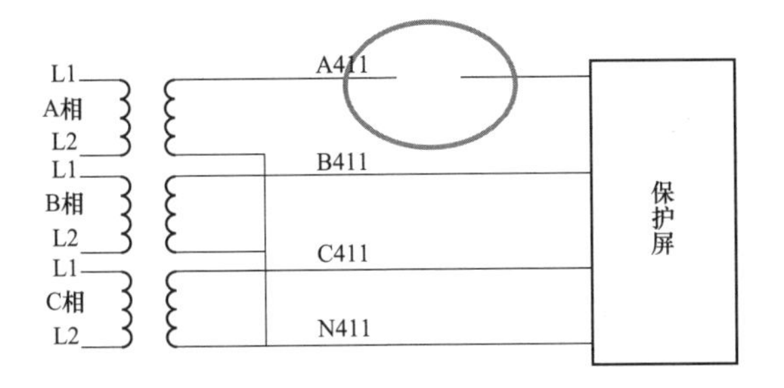

图 1-39　短接错位造成电流互感器二次开路点的二次原理

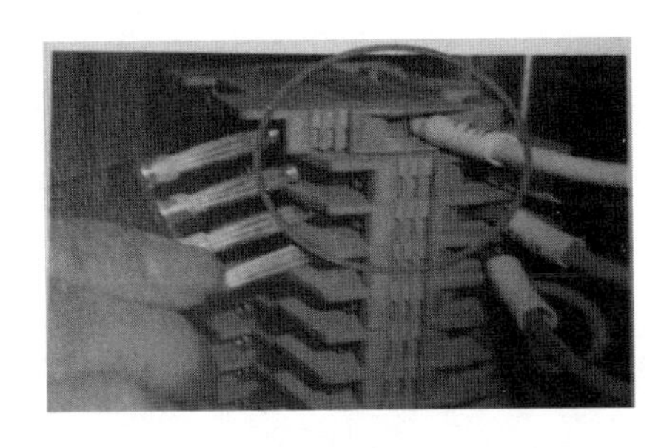

图 1-40　拔出专用的短接片时用力过大，使端子松动变形

（2）电流端子的中间可动连接片必须用螺丝刀检查是否紧固。

（3）短接电流回路，打开电流端子连接片前需用钳形电流表检查短接是否牢固可靠。

（4）在运行中的电流回路工作时必须小心谨慎，切忌用力过大造成端子或接线松动形成电流互感器二次开路。

第二节　电压互感器二次回路作业过程中危险点分析及控制

一、风险概述

电压互感器（TV）是将一次回路的高电压成正比的变换为二次回路的标准值（通常额定二次电压为 100V），以供给测量、计量、继电保护及其他的电气设备使用，如图 1-41 所示。电磁式电压互感器可用图 1-42 所示的等值电路表示。

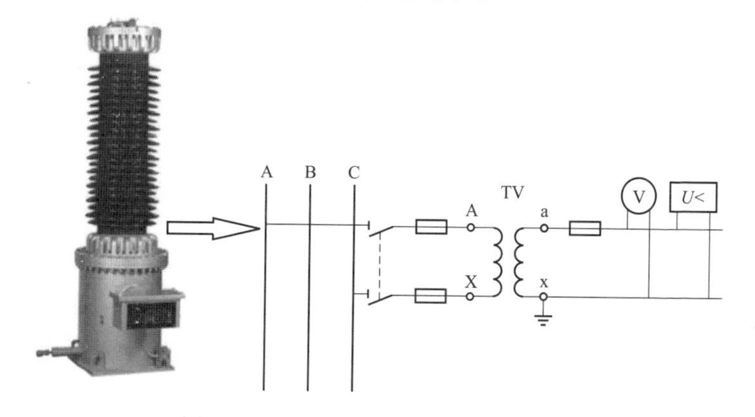

图 1-41　电压互感器本体及二次回路图

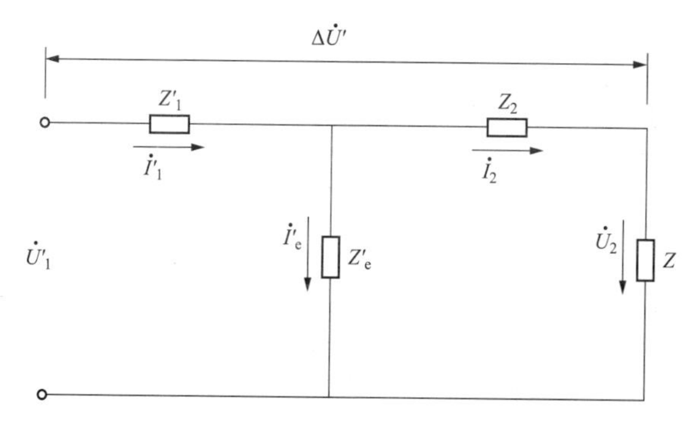

图 1-42　电磁式电压互感器等值电路

从图 1-42 可得：

$$\dot{U}_1' = \dot{U}_2 + \dot{I}_e' Z_1' + \dot{I}_2 (Z_2 + Z_1') \tag{1-1}$$

式中 $\dot{U}_1'$——电压互感器一次电压（归算到二次侧）；

$\dot{U}_2$——电压互感器二次负载电压；

$\dot{I}_e'$——励磁电流（归算到二次侧）；

Z_1'、Z_2——分别为电压互感器一次漏抗（归算到二次侧）、二次漏抗；

$\dot{I}_2$——电压互感器二次负载电流。

电压互感器是一个内阻极小的电压源，正常运行时负载阻抗很大，相当于开路状态，二次侧仅有很小的负载电流。当二次侧短路时，负载阻抗为零，将产生很大的短路电流，会将电压互感器烧坏。因此，电压互感器二次侧严禁短路。经控制室零相小母线（N600）连通的几组电压互感器二次回路，只应在控制室将 N600 一点接地，各电压互感器二次中性点在开关场地接地点应断开；为保证接地可靠，各电压互感器的中性线不得接有可能断开的断路器或接触器等。

在电压互感器二次回路上工作时，常见的风险如下：

（1）电压互感器二次回路多点接地引起的保护不正确动作。

（2）短路引起二次失压。

（3）电压互感器二次系统向一次系统反充电事故。

二、在带电的电压互感器二次回路上作业风险

电压互感器二次回路接地的要求。

电压互感器二次回路与电流互感器二次回路共同点是一点接地，但在同一变电站内有几组电压互感器二次回路，只能在控制室将 N600 一点接地，如图 1-43 所示。

防范电压互感器二次回路多点接地的措施：

（1）为了避免多点接地，必须在端子箱、保护屏、控制屏处等环节逐级检查电压互感器二次回路的接地情况，确保在控制室电压互感器并列屏处一点接地。YMN 小母线专门引一条半径至少为 2.5mm^2 永久接地线至接地铜排。

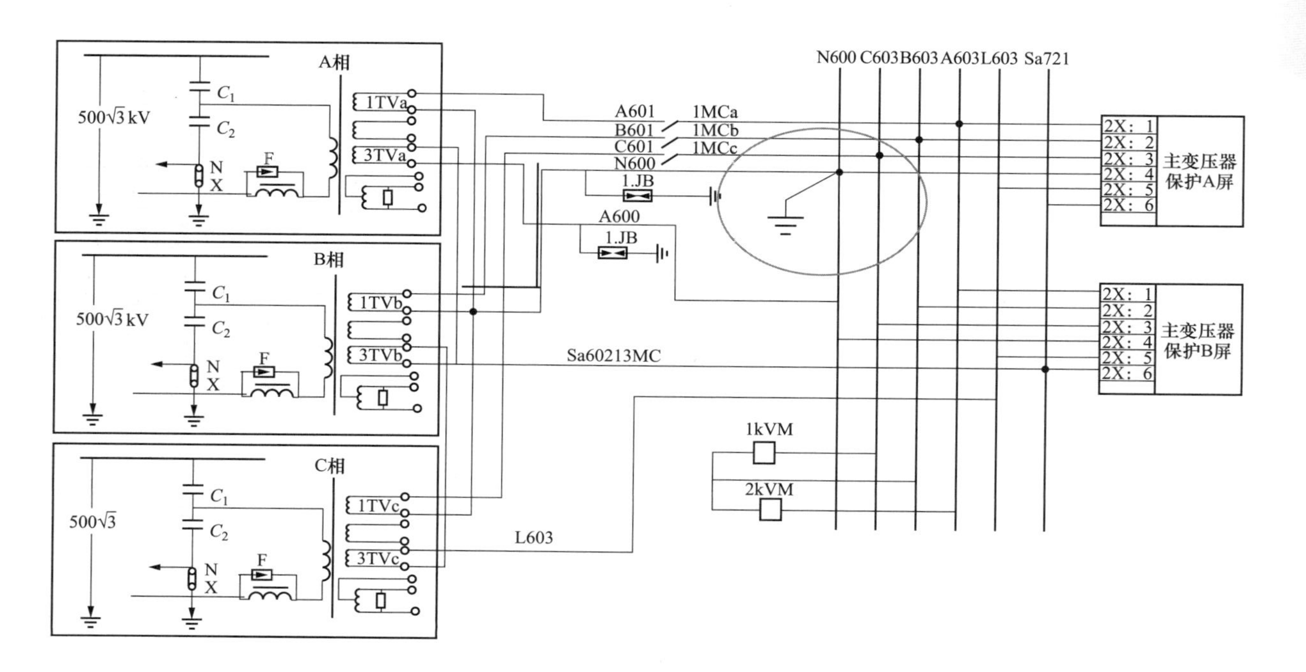

图 1-43　在控制室将 N600 一点接地

（2）经控制室零相小母线（N600）连通的几组电压互感器二次回路，只应在控制室将 N600 一点接地，各电压互感器二次中性点在开关场地接地点应断开；为保证接地可靠，各电压互感器二次回路的中性线（即 N 线）不得接有可能断开的断路器、熔断器或接触器。如图 1-44 所示。

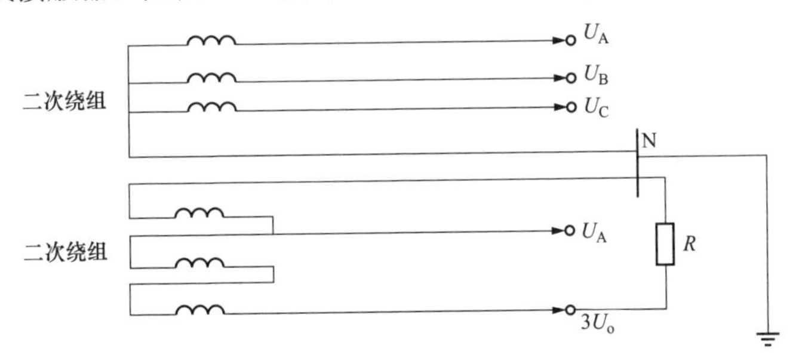

图 1-44　电压互感器二次回路中性线的接线图

（3）已在控制室一点接地的电压互感器二次绕组，如认为必要，可采取在开关场地将二次绕组中性点经氧化锌避雷器接地的方法避免一次过电压入侵二次回路与设备，如图 1-45 所示。

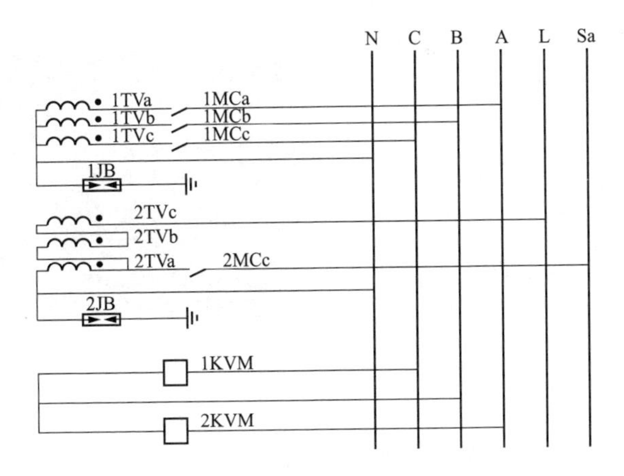

图 1-45　二次绕组中性点经氧化锌避雷器接地

图 1-46　回路未断电误将试验仪的电流输出线接入带电的电压回路

【危险点 1】保护定检操作不当引起电压互感器二次短路。

（1）定检带自保持电压切换继电器的保护，未进行断电处理，误将试验仪的电流输出线接入带电的电压回路中，造成电压互感器二次短路，如图 1-46 所示。电压互感器二次短路点的二次原理图如图 1-47 所示。

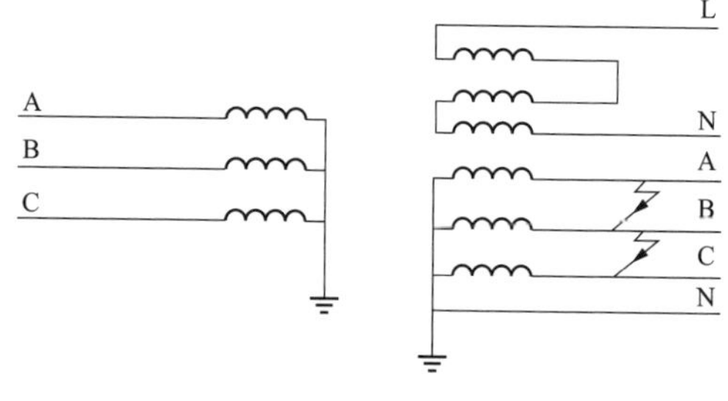

图 1-47　电压互感器二次短路点的二次原理图

（2）在保护定检时，忘记把电压回路解除（或忘记将电压互感器二次回路空气开关断开），将试验仪的电流输出线接入带电的电压回路中，造成电压互感器二次短路，如图 1-48 所示。

图 1-48　将试验仪的电流输出线接入带电的电压回路中

（3）在主变压器保护定检时，误将试验仪的电流输出线接入主变压器保护的旁路电压回路，造成电压互感器二次短路，如图 1-49 所示。

（4）用同型号端子（凤凰端子），未将电流电压回路分开标识，在定检时误将试验仪的电流输出线接入电压回路，造成电压互感器二次短路，如图 1-50 所示。

图 1-49　误将试验仪的电流输出线接入主变压器保护的旁路电压回路

图 1-50　误将试验仪的电流输出线接入电压回路

【防范措施】

（1）严格执行厂站二次设备及回路工作安全技术措施单。

（2）必须有专人监护和专人操作。

（3）定检工作前必须将电压线拆出并用绝缘胶布包扎好（或拨开电压端子中间可动连接片），测量电压端子排无电压后方可进行加量试验，工作完毕后必须恢复。

（4）必须将电流回路和电压回路的端子分开并区别标识。

【危险点 2】 电压二次回路上工作时，操作不当引起电压互感器二次短路（见图 1-47）。

（1）将电能表的电压二次接线拆除，未用绝缘胶布包扎好，误碰造成电压互感器二次短路，如图 1-51 所示。

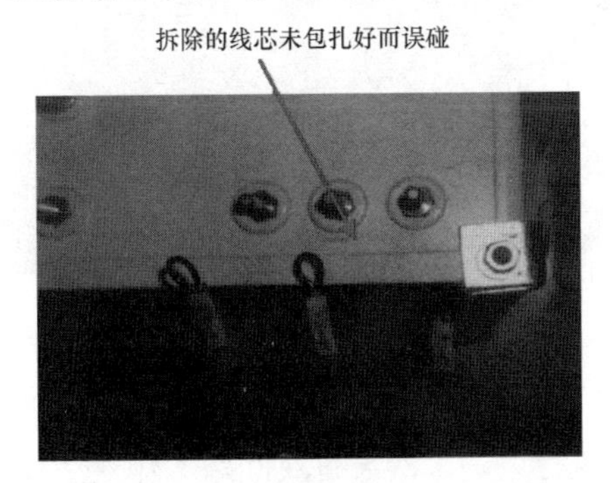

图 1-51　未用绝缘胶布包扎好而误碰

（2）用斜口剪同时剪断两根及以上二次电压线，造成电压互感器二次短路。如图 1-52 所示。

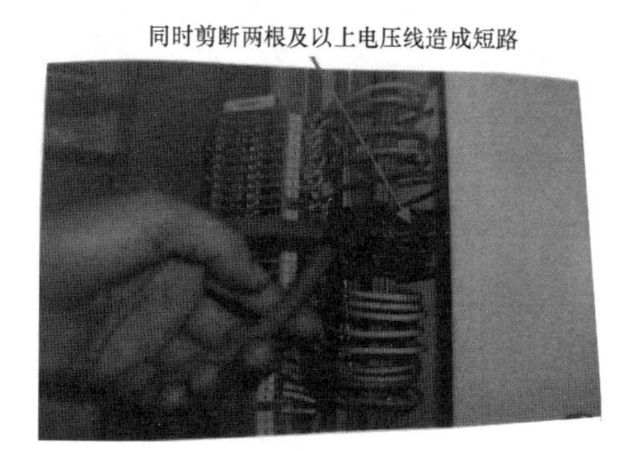
同时剪断两根及以上电压线造成短路

图 1-52　用斜口剪同时剪断两根及以上二次电压线

（3）在屏顶小母线侧的电压二次接线未拆除时，先拆除保护屏端子排处的电压二次接线，未用绝缘胶布包扎好，误碰造成电压互感器二次短路。如图 1-53 所示。这种情况在更换保护屏时，最容易发生。

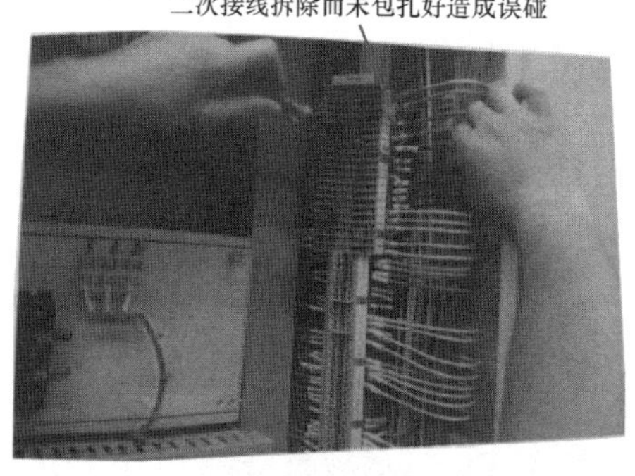
二次接线拆除而未包扎好造成误碰

图 1-53　未用绝缘胶布包扎好而误碰

【防范措施】

（1）严格执行厂站二次设备及回路工作安全技术措施单。

（2）必须有专人监护和专人操作。

（3）严格执行现场工作细则。

（4）如果出现电压互感器二次短路现象，应及时申请停用保护进行处理。处理完毕且检查无误后再投入保护。

（5）拆除电压线时都必须用绝缘胶布包扎好。

（6）在拆除电压接线时，严禁用斜口剪同时剪断两根及以上二次电压线。

【危险点 3】 仪表使用方法不正确造成电压互感器二次短路。

（1）误将万用表置于电流挡，在带电的电压回路上进行电压测量，造成电压互感器二次短路，如图 1-54 所示。这种情况发生的概率很大，值得注意。

（2）在扩建新间隔工作中或保护定检中，在带电的电压回路上误用绝缘电阻表进行绝缘检查，造成电压互感器二次短路。如图 1-55 所示。

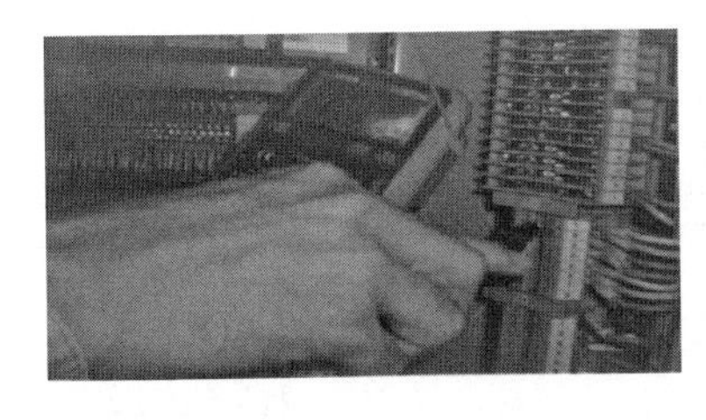

图 1-54　用万用表电流挡测量电压

图 1-55　用绝缘电阻表检查带电的电压回路绝缘

（3）测量电压时，误碰万用表表针，造成电压互感器二次短路，如图 1-56 所示。

【防范措施】

（1）严格遵循作业指导书。

（2）必须有专人监护和专人操作。

（3）如果对电压回路进行绝缘检查，检查前必须将此电压回路停用，测量确认无电压后方可进行。

图 1-56　测量电压时，误碰万用表表针

（4）在进行电压测量前必须将万用表置于电压挡。

（5）测量电压回路时，防止误碰万用表表针，如果表针过长，应用绝缘胶布进行包扎，只露出针尖部分。

三、停电的电压互感器二次回路上作业风险

电压互感器相当于一个内阻极小的电压源。在正常情况下电压互感器二次负载是计量表计的电压线圈和继电保护及自动装置的电压线圈，其阻抗很大。工作电流很小；而在二次回路向一次侧反充电过程中，通过并列回路直接作用于电压互感器本体的电压会产生极大的电流，容易使运行中的电压互感器二次熔断器熔断或使空气开关跳开，严重时还会造成人身和设备损坏事故。

电压互感器接线如图 1-57 所示。

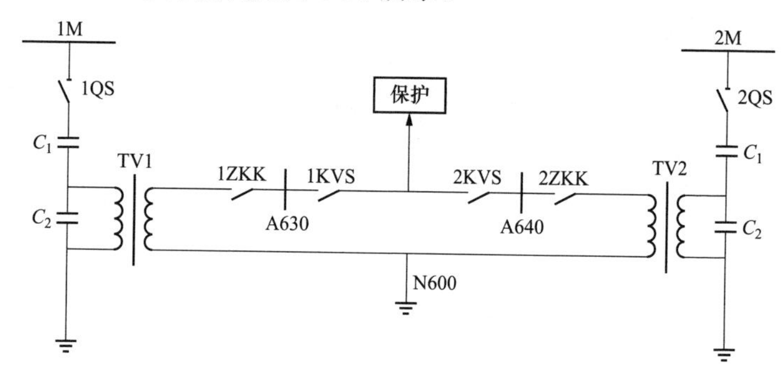

图 1-57　电压互感器接线

【危险点 1】 一段母线停电检修（即对应的电压互感器也停电），电压互感器二次系统向一次系统反充电。

（1）双母线接线隔离开关辅助接点对电压切换回路的影响。隔离开关的常开辅助接点用于电压切换的启动回路。隔离开关常闭辅助接点用于电压切换的复归回路。而隔离开关常闭辅助接点有质量问题时不能启动复归回路，将导致在倒母线操作完成后而

切断母联断路器时，使电压互感器二次处于非正常并列，导致电压互感器二次电压存在反充电的隐患。

（2）当切换用的中间继电器触点黏住，使电压互感器二次电压不能自动地跟随一次系统隔离开关的操作变化，也会造成电压互感器二次回路反充电现象。

（3）隔离开关的辅助触点连杆断裂或操作失灵，使辅助触点不能正确导通或断开，也会造成电压互感器二次反充电现象。

（4）现场使用的操作箱电压切换插件中设计“切换继电器同时动作”信号是采用切换回路中的不带保持继电器触点来发信的，即“切换继电器同时动作”信号是瞬时不带保持的，操作人员不能及时发现两母线切换继电器同时动作情况，这也是导致电压互感器二次长期处于并列状态原因。

【防范措施】

（1）目前现场采用的操作箱，操作箱采用了自保持的电压切换继电器，目的是确保一次隔离开关辅助触点不良的情况下，保护装置不会失电。但同时也带来了一个弊端，即继电器的复归线圈不正确动作时，将会引起电压互感器二次非正常并列的反充电事故，故重新设计电压切换插件，如图 1-58 所示。图中 1KVS、2KVS 继电器全部改为磁保持继电器 3KVS、4KVS，则原切换继电器同时动作信号可真实反映两个电压互感器二次切换回路的动作情况。并用含有两路磁保持继电器接点的串联回路并接在原信号回路上（虚框内）。以便于运行人员发现并及时排除故障。

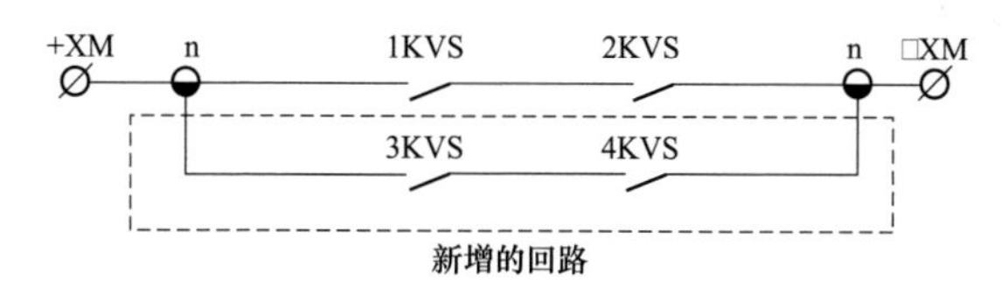

图 1-58　改造后的切换继电器同时动作信号二次图

（2）多段母线接线方式的变电站，一条母线运行，一条母线停运方式下的调试工作，进行新上的一、二次设备在调试中一定要可靠断开电压回路，一、二次调试人员应加强沟通和协调。严格执行《电力安全工作规程》和《厂站二次设备及回路工作安全技术措施单》，严禁将外加电压接入停运的电压互感器二次回路。

（3）试验完毕后经测量核对后方能恢复；此外，运行人员投入停运电压互感器二次熔断器或空气开关时，一定要先测量二次熔断器或空气开关下端口电压应为零，确保二次熔断器或空气开关下端口不带电时方可投入电压互感器二次熔断器或空气开关，防止电压互感器二次并列反充电的发生。

（4）当停运某电压互感器的隔离开关时，一定要断开其相应的电压互感器二次熔断器或空气开关。

【危险点 2】 停电更换新的电压互感器，未核对相序即进行电压互感器并列运行，造成二次回路短路。

【防范措施】

新更换投入的电压互感器在接入系统电压后应做下列试验：测量每一个二次绕组、三次绕组的电压；测量二次绕组的相间电压；测量相序；测量零序电压，正确后并与运行中的电压互感器进行相序核对，即：A（新）—A（运行中）A（新）—B（运行中）A（新）—C（运行中）A（新）—N（运行中）；B（新）—A（运行中）B（新）—B（运行中）B（新）—C（运行中）B（新）—N（运行中）；C（新）—A（运行中）C（新）—B（运行中）C（新）—C（运行中）C（新）—N（运行中）；N（新）—N（运行中）。

通过以上的试验，完全正确后才能投入运行，确保相电压、相间电压、零序电压、相序、定相正确。

【危险点 3】 电压互感器停电，未退出相关的保护，造成保护误动。

【防范措施】

停运电压互感器时，应退出与电压相关的保护（如距离保护、零序方向保护等），防止保护误动。

第三节　二次控制回路作业过程中危险点分析及控制

一、风险概述

（1）同期回路：将同步发电机或某一电源投入到电力系统并列运行的操作过程，称为同期，为了实现同期操作而借助电缆等设备以一定的方式连接起来的电路，称为同期回路。

（2）断路器控制回路：为了在控制室实现对安装在高压配电装置内的各台断路器进行控制，需要借助控制电缆等设备，将处于高压配电装置中的断路器操动机构和控制室的控制命令以一定的方式连接起来，称之为断路器控制回路。

（3）隔离开关控制回路：为了实现对安装在高压场地的各台隔离开关进行控制而借助控制电缆等设备，将处于高压场地的隔离开关操动机构和远方的控制命令以一定的方式连接起来的电路，称之为隔离开关控制回路。

（4）信号回路：为了运行人员及时发现和分析故障，迅速消除和处理事故，必须借助灯光和音响信号装置来反映设备正常和非正常的运行状态，而以一定的方式连接起来的电路，称之为信号回路。

（5）启动失灵回路：当故障线路或元件的继电保护装置动作发出跳闸脉冲后，断路器拒动时，能够以较短时限切除与其相关的其他断路器，使停电范围限制为最小的一种连接起来的电路，称之为失灵启动回路。

二、常出现的危险

（1）误碰：是指在二次回路上作业时，由于没有对临近的回路、设备做好封闭措施，致使工作人员触碰到运行中的设备而造成的跳闸、短路、接地等现象，称之为误碰。

（2）误接线：是指在二次回路上作业时，工作人员没有严格按照继电保护自动装置及其二次线的原理图、安装图、展开图进行规范、符合现场实际的接线，造成的跳闸、短路、接地等现象，称之为误接线。

（3）误整定：是指在进行继电保护装置整定计算时，整定工作人员没有严格执行《大型发电机变压器继电保护整定计算导则》《220kV～500kV电网继电保护装置运行整定规程》《35kV～110kV电网继电保护装置运行整定规程》等规程之规定进行整定计算，而造成继电保护装置误动或拒动，称之为误整定。

（4）误使用测量仪器：是指在二次回路上作业时，工作人员选择测量仪器错误或错误使用测量仪器挡位，而造成的跳闸、短路、接地等现象，称之为误使用测量仪器。

三、误碰类典型案例危险点分析及控制

【案例 1】 进行主变压器保护屏更换，在做安全措施过程中冷却控制箱电源已退出，1h后冷却器控制电源失电已动作，但控制电源未退出，出口跳闸线也未解开。当旁路断路器正在代线路运行，退出冷却器全停压板时压板下垂置于主变压器保护跳旁路出口端，造成旁路断路器跳闸，如图1-59所示。

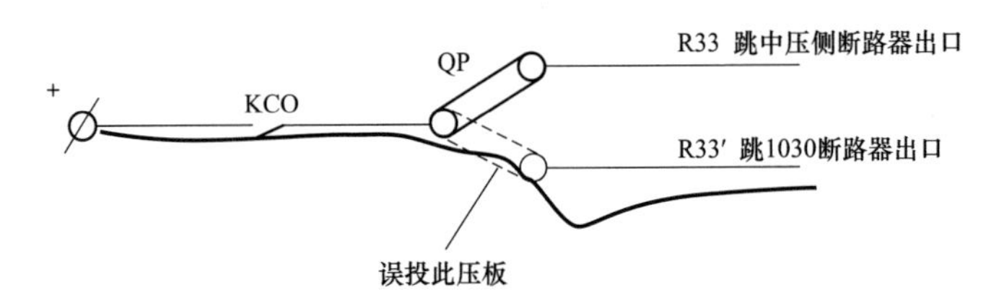

图1-59　退出冷却器全停压板时碰至主变压器保护跳旁路压板出口端

【危险点】 控制正电源经KCO→QP压板下端→R33′→1030断路器造成跳闸。

【防范措施】

（1）严格执行安全措施票和工作票制度，按要求退出保护跳

闸出口压板；

（2）在做安全措施时要同时解除本侧和对侧的同一芯线，确认后用绝缘胶布包好，待工作完毕后恢复。

【案例 2】对 220kV 线路电压切换常规继电器进行缺陷处理，工作人员用正电源直接在切换继电器线圈施加正电的方法检查其动作情况，误将正电源短接在切换继电器用于启动失灵保护的触点尾端上，引起失灵保护误启动，如图 1-60 所示。

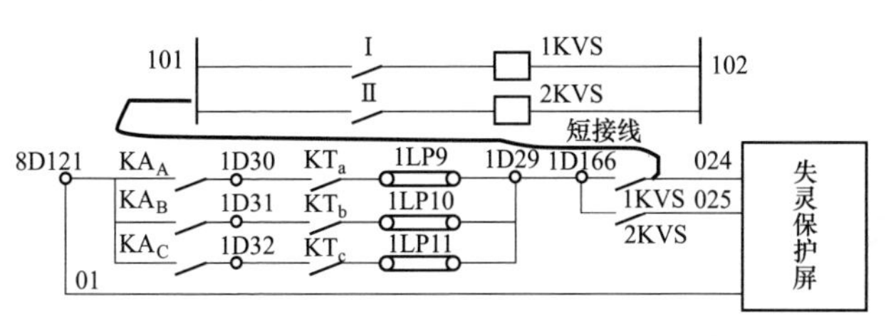

图 1-60　误将正电源短接在切换继电器用于启动失灵保护的触点尾端上

【危险点】 正电源经 101→短接线→024 去启动失灵保护。

【防范措施】

（1）在运行的继电保护装置和二次回路上工作，要严格执行现场安保措施，必须以二次图为依据。

（2）加强专人监护制度。

【案例 3】 工作人员在清理电缆层多余电缆时，其中的一根一端与保护屏连接，另一端在电缆层悬空。为图省事，在没有查清电缆的走向就用电缆锯锯断电缆，造成保护误跳闸。如图 1-61 所示。

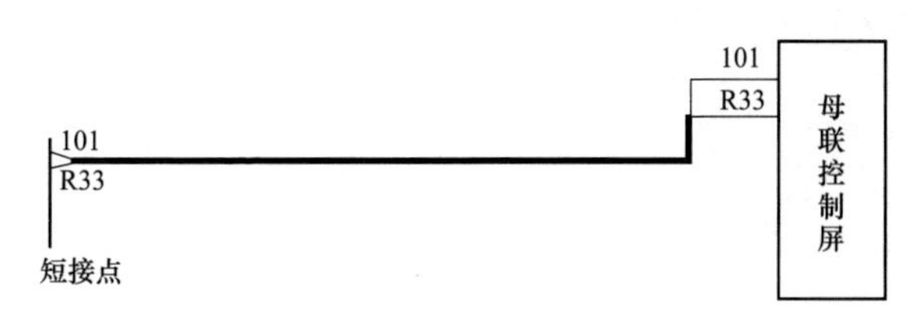

图 1-61　未查清电缆而锯断电缆

【危险点】正电经 101→电缆锯→R33→启动母联跳闸。

【防范措施】

（1）加强施工管理，杜绝图省事的习惯性违章。

（2）严格执行专人监护制度。

（3）在清理电缆时必须查清楚电缆的用途。

【案例 4】 某线路断路器在运行中，对其进行三相不一致保护反措或其他工作等，在做安全措施时解开 R33 回路线，未用绝缘胶布包好，线头弹回误碰信号正电源 701 回路，保护动作跳闸。如图 1-62 所示。

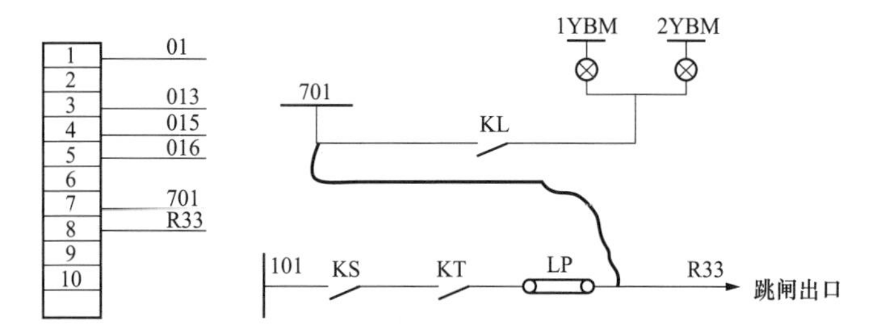

图 1-62　未用绝缘胶布包好线头而误碰信号正电源

【危险点】 701 正电源→误碰线头→R33 回路启动跳闸。

图 1-63　工作过程造成光纤损伤

【防范措施】

（1）在做安全措施时解开的线必须用绝缘胶布包扎处理好。

（2）设计上正电源端子与跳闸端子之间必须有间隔端子（至少有一个）。

（3）严格执行监护制度。

【案例 5】 施工人员在电缆层敷设二次电缆或其他工作损伤光纤，造成光纤接口装置异常，如图 1-63、图 1-64 所示。

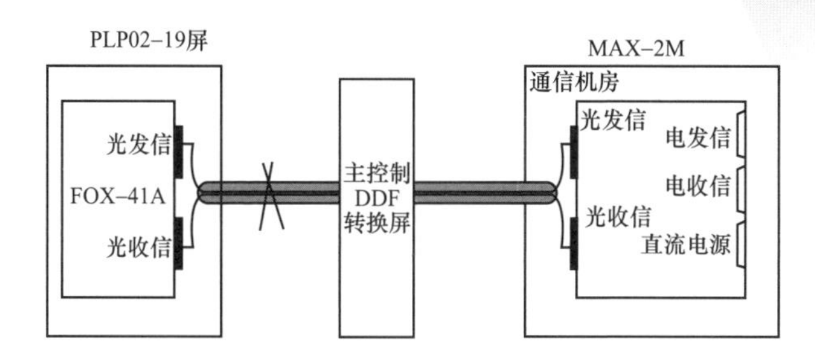

图 1-64　光纤接线原理图

【危险点】 由于光纤被损伤，两端光纤接口装置都收不到对侧信号，所以光纤接口装置无法异常告警。

【防范措施】

（1）严格执行监护制度；

（2）在有光纤的地方严禁敷设新电缆；

（3）新增电缆架，解决电缆和光纤同架的问题。

【案例 6】 施工人员在保护室内进行二次电缆整理时，工作人员在无人监护、没有采取其他安全措施的情况下用力不当，将电缆外铜皮飞到保护屏顶小母线上，造成电压短路或直流接地事故，如图 1-65、图 1-66 所示。

图 1-65　保护屏顶小母线

【危险点】飞到保护屏顶小母线上的铜皮，将二次电压回路短路或将 L＋与 N600（或屏地）短接形成直流接地。

【防范措施】

（1）严格执行监护制度；

（2）加强对施工人员的培训；

（3）屏顶小母线上应加装绝缘隔离罩。

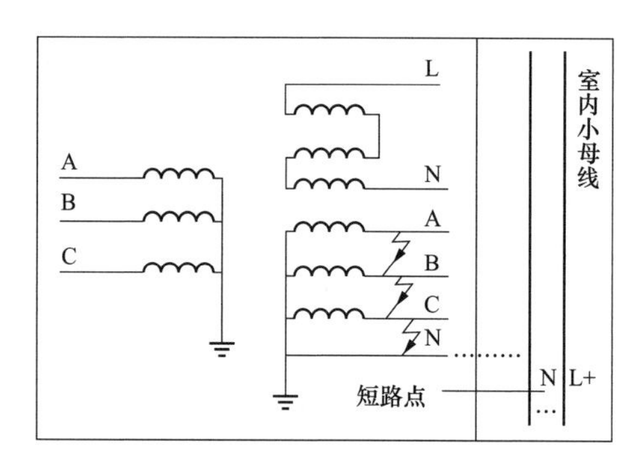

图 1-66　电压二次回路短路或直流接地图

【案例 7】 500kV 中断路器停电，正常运行时 TA 电流流向如图 1-67 所示。但当检修人员对 500kV 中断路器电流互感器接线盒进行防潮工作，扳手触碰到电流互感器接线盒 C 相接线柱时，造成 C 相二次绕组接地，导致线路主 II 保护动作，重合不成功三相跳闸事件，如图 1-68 所示。

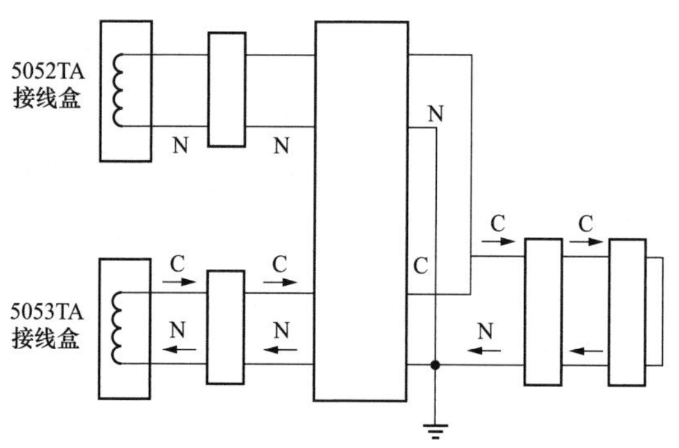

图 1-67　断路器停电，正常运行时电流流向图

【防范措施】

（1）应能辨识出一次设备转检修后，相关二次回路仍和运行设备有关联的风险；

（2）应能辨识出扳手触碰 TA 二次回路的风险。

（3）运行值班人员许可工作票时，应能辨识出一次设备转检修后，相关二次回路仍和运行中设备有关联的风险。

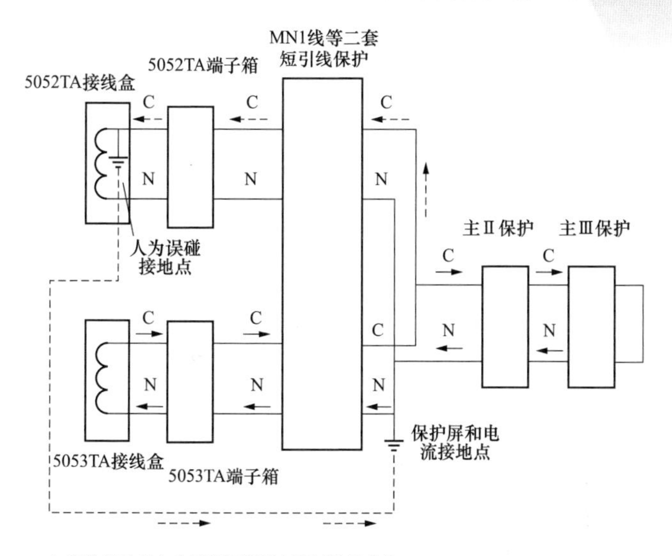

图 1-68　人为误碰接地电流流向图

【案例 8】 继电保护人员完成母线保护装置功能的检查试验工作，开始恢复二次回路接线。恢复顺序为：信号、录波正电源、母线电压线、电流回路线、母线保护出口跳闸线。已经恢复完毕信号、录波、电流电压回路、母线保护跳 220kV 分段 2012 断路器二次接线以及母线保护跳 1 号主变压器高压侧 2001 断路器第二组控制回路正电源线（回路号 1B-143B：101Ⅱ，接入正电源接线端子 1CD2）。当工作人员恢复母线保护跳 1 号主变压器高压侧 2001 断路器第一组控制回路跳闸线（回路号 1B-143A：R133Ⅰ，接入接线端子 1CD4）时，由于 2001 断路器跳闸回路端子布置在屏顶，位置较高，紧固端子螺钉的螺丝刀用力方向出现偏差，不慎造成正在接入端子 1CD4 的 1 号主变压器跳闸线 1B-143A：R133Ⅰ撞开已封在端子 1CD2 上的绝缘胶布而碰到端子 1CD2，使 1 号主变压器高压侧 2001 断路器第一组三相跳闸回路接通而跳闸，如图 1-69 所示。

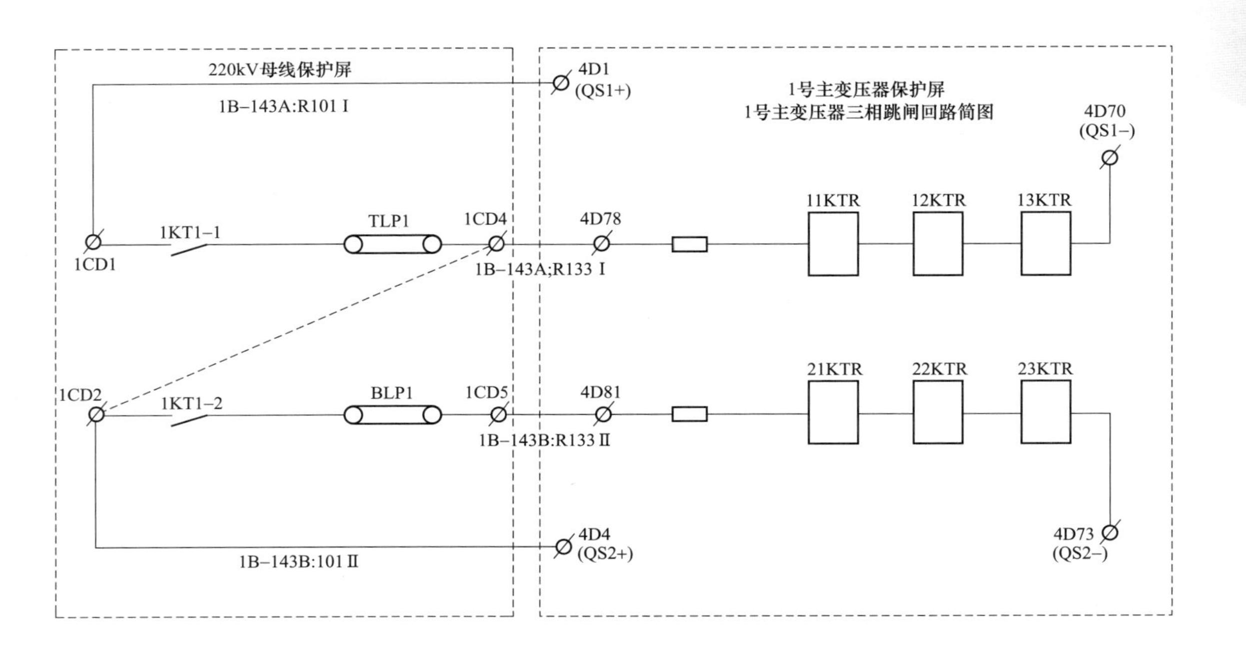

图 1-69　紧固端子螺钉的螺丝刀用力方向出现偏差造成误跳闸回路图

【防范措施】

（1）解开的接线应用绝缘胶布可靠包好，防止造成短路或接地。

（2）螺丝刀应使用绝缘材料包好，只能露刀口部分。

四、误接线类典型案例危险点分析及控制

【案例 1】 线路保护电流回路的零序电流两端误接短接线，造成零序保护拒动，如图 1-70～图 1-72 所示。

图 1-70　错误的二次接线图

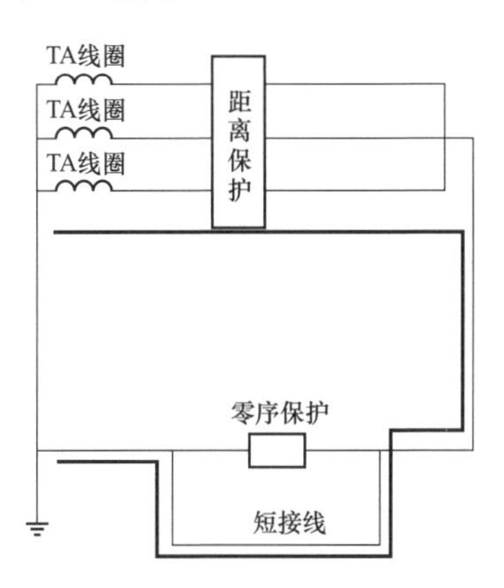

图 1-71　二次原理图

【危险点】 单相接地故障时，零序电流经短接线分流，致使零序保护拒动。

图 1-72　正确的二次接线图

【防范措施】

（1）严格按照施工图纸施工接线。

（2）在验收和平时的定检工作时，必须细心检查保护回路的每个环节。

（3）加强对继电保护人员的培训。

【案例 2】 母差保护跳闸压板名称与实际接线不对应，继电保护人员在做保护定检传动试验时，只投入新加装间隔的出口压

板 12LP，其他间隔的出口压板全部退出，传动时由于母差保护屏内压板出口端的接线错误，造成误跳其他间隔。如图 1-73 所示。

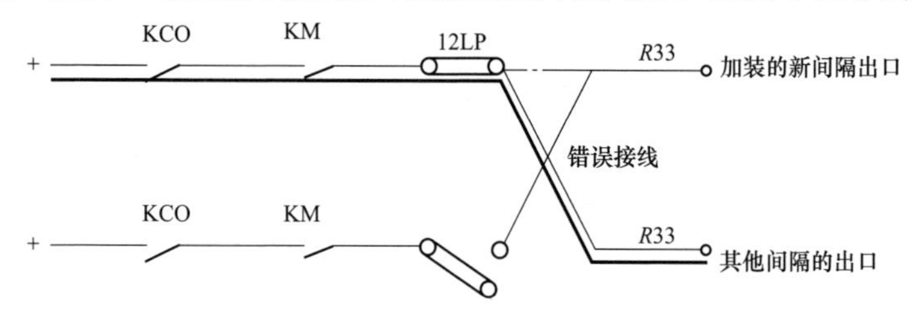

图 1-73　压板出口端的接线错误，造成误跳其他间隔

【危险点】 正电源→KCO→KM→12LP→错误连线→其他间隔的 R33 启动跳闸。

【防范措施】

（1）对新投产的保护屏必须校验每一个压板的功能是否正确。

（2）增加新间隔后，传动时必须将母差保护屏的其他间隔的跳闸出口线解开。

（3）提高现场工作人员的安全意识，严格执行安全措施票。

【案例 3】 主变压器高压侧中性点接地运行，其非全相保护接线有错误（KCP 动断触点误用动合触点），一条 220kV 线路发生长延时 A 相单相接地故障时，导致主变压器非全相保护动作跳闸，如图 1-74、图 1-75 所示。

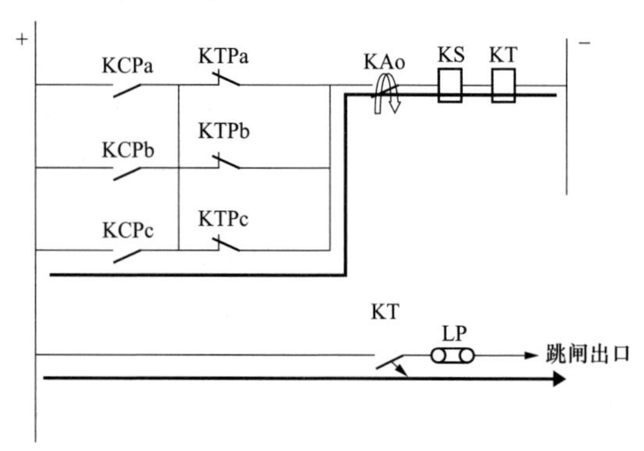

图 1-74　错误的二次接线图

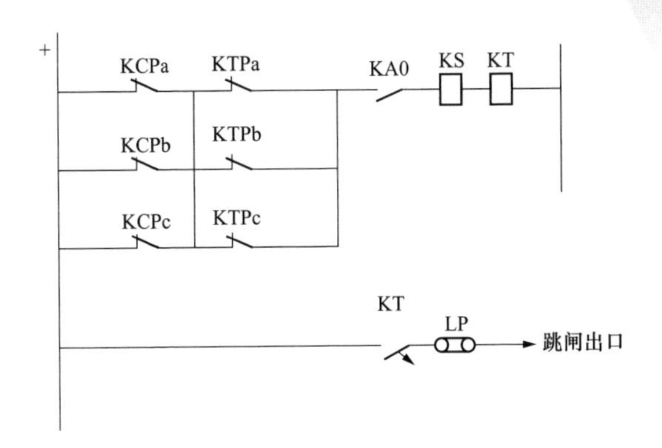

图 1-75　正确的二次接线图

【危险点】 断路器合闸时 KCPa、KCPb、KCPc 励磁闭合，KTPa、KTPb、KTPc 失磁返回闭合，正电源送至 KA0 的左侧处，当线路单相故障时产生的零序电流达到 KA0 的定值，时间继电器的时间达到整定值时，非全相保护出口跳闸。

【防范措施】

（1）设计人员要杜绝设计上的原则性的错误；

（2）在投产前验收时必须严格把好关；

（3）加强继电保护工作人员对三相不一致保护的技术培训。

【案例 4】 母线故障，母差保护拒动作，造成电网事故。如图 1-76 所示。

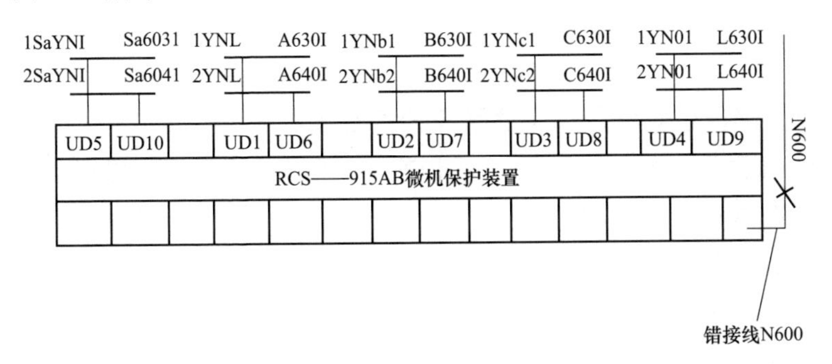

图 1-76　N600 接线错误图

【危险点分析】 拒动原因是母差保护屏更换时，零序电压线N错接于空端子，当母线接地故障时，零序电压闭锁元件未开放。

【防范措施】

（1）严格执行现场验收细则；

（2）加强施工人员和继电保护人员的技术培训。

【案例5】 保护光纤接口装置光缆交叉接错，造成保护误动，如图1-77所示。

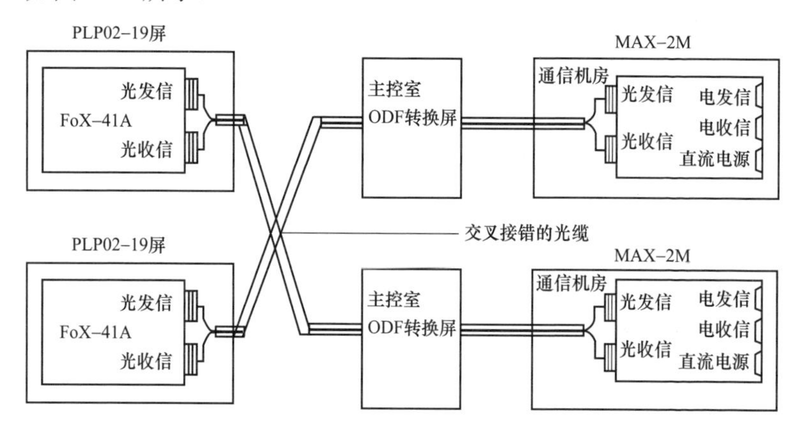

图1-77　保护光纤接口装置光缆交叉接错

【危险点分析】 误动原因是收发信错误。

【防范措施】

（1）严格执行保护光纤通道联调验收细则。

（2）加强施工人员和继电保护人员的技术培训。

五、误整定类典型案例危险点分析及控制

【案例1】 220kV主变压器差动保护平衡系数整定错误，区外某10kV线路发生故障，线路保护正确动作跳闸的同时，主变压器差动保护动作跳三侧，如图1-78所示。

【危险点分析】 主变压器保护为微机保护，在差动回路中三侧电流互感器的二次额定电流均为5A，但在整定平衡系数时，10kV侧误整定为1A，以至于差动保护区外故障时，差流达到动作定值

而跳开主变压器三侧。

错误定值

差动计算定值单：

序号	定值名称	数值	序号	定制名称	数值
1	Ⅰ侧平衡系数	2.4	7	Ⅲ侧二次额定电流(A)	7.87
2	Ⅱ侧平衡系数	2.04	8	Ⅳ侧二次额定电流(A)	7.87
3	Ⅲ侧平衡系数	1	9	零差Ⅰ侧平衡系数	1
4	Ⅳ侧平衡系数	1	10	零差Ⅱ侧平衡系数	1
5	Ⅰ侧二次额定电流(A)	3.28	11	零差公共侧平衡系数	1
6	Ⅱ侧二次额定电流(A)	2.98			

注1：3号主变压器是三绕组变压器，设置有线圈绕组温度高跳闸回路，也设置起动发信。
注2：控制字：0—不保护投入；1—跳Ⅰ侧开关2203；2—跳Ⅱ侧开关1103；
3—跳Ⅲ侧开关503A；4—跳Ⅳ侧开关503B；5—跳Ⅰ侧母联2012；
6—跳Ⅱ侧母联1012；7—跳Ⅲ侧母联531；8—跳Ⅳ侧母联532。

图 1-78　平衡系数整定错误

【防范措施】

（1）保护定值整定后，必须有专人检查核对。

（2）加强继电保护定值管理。

【案例 2】 主变压器本体上的两组潜油泵延时继电器，出厂时没有厂家说明书，无特殊标记，造成施工人员对设备的误解、整定错误，本体重瓦斯继电器动作事故，如图 1-79 所示。

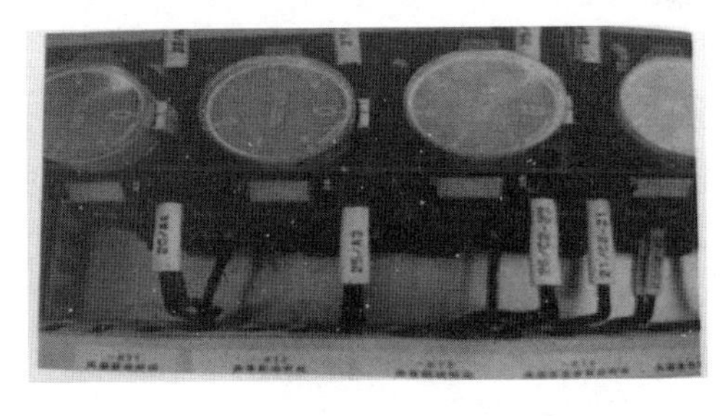

图 1-79　潜油泵延时继电器整定错误

【危险点】 因两组潜油泵的延时继电器定值置于 0s，当主变压器油温达到潜油泵启动定值时，两组潜油泵同时启动，瞬时油流过大，造成重瓦斯继电器动作跳闸。

【防范措施】

（1）加强对潜油泵延时继电器的整定管理；

（2）验收时要移交厂家资料。

（3）严格执行验收细则，把好质量关。

【案例 3】 220kV 旁路保护代线路保护时，因漏改该旁路保护定值（漏改相地通道定值），造成断路器跳闸，如图 1-80 所示。

控制字名称	状态		状态			
(01) 工频变化量阻抗	1		0			
(02) 投纵联距离保护	1		1		错误定值	
(03) 投纵联零序方向	1		1			
(04) 分相式命令	0		0			
(05) 投UNBLOCKING	0		0			
(06) 相地通道	1		1			
(07) 允许式通道	0		0			
(08) 投自动通道交换	0		0			
(09) 弱电源侧	0		0			
(10) 电压接线路TV	0		0			
(11) 接振荡闭锁元件	1		1			

图 1-80　漏改该旁路保护定值

【危险点分析】 旁路保护代线路保护运行时都必须进行对应的定值更改（原因是各线路的参数不同）。

【防范措施】

（1）加强定值管理。

（2）加强对继电保护人员的技术培训。

六、误使用测量仪器典型案例危险点分析及控制

【案例 1】 工作人员在改造某运行间隔的二次接线时，采用试灯法对线，误将保护跳闸线 R_{33} 与正电源 101 短接，造成断路器跳闸（如母联间隔），如图 1-81 所示。

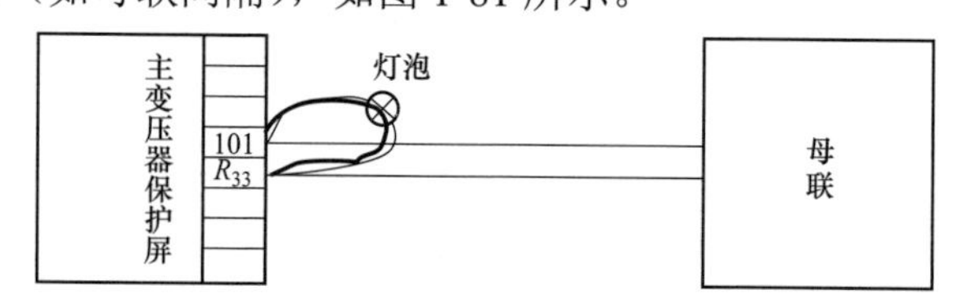

图 1-81　采用试灯法对线图

【危险点分析】 正电源 101→灯泡→R_{33} 启动跳闸。

【防范措施】

（1）禁止使用试灯法在运行设备的回路上对线；

（2）在跳闸回路对线工作时，要做好安全措施，必须有人监护。

【案例 2】 220kV 旁路断路器 2030 代某出线运行，当时主变压器保护正在进行定检工作传动试验，继电保护人员检查保护出口跳闸触点过程中使用仪表不当，造成旁路断路器 2030 跳闸，如图 1-82 所示。

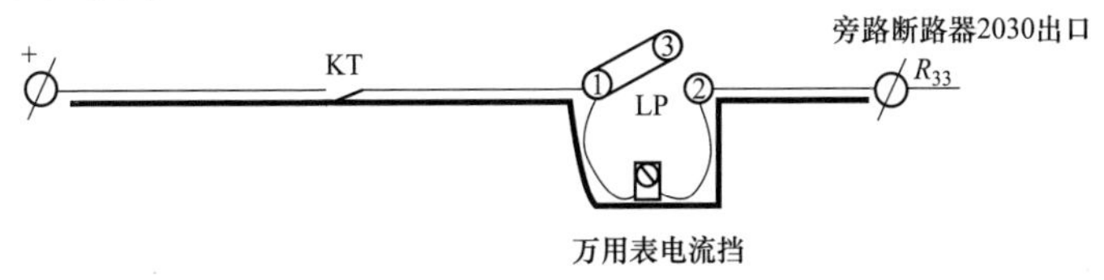

图 1-82　使用万用表电流挡测量电压

【危险点分析】 如图接线方式所示，检查主变压器跳开旁路断路器 2030 的出口回路，万用表电压挡误置于电流挡，正电经 KT 跳闸触点→万用表→R_{33}，出口跳开旁路断路器 2030。

【防范措施】

（1）检查保护出口触点应采用正、负极对地电位法。

（2）主变压器保护传动试验时，应解除旁路断路器、母联断路器、分段断路器的跳闸出口线。

【案例 3】 直流系统正极接地，运行人员投入某 220kV 线路保护压板时，将万用表置于欧姆挡，测量保护屏上的线路出口压板下端电位，造成线路跳闸事故，如图 1-83 所示。

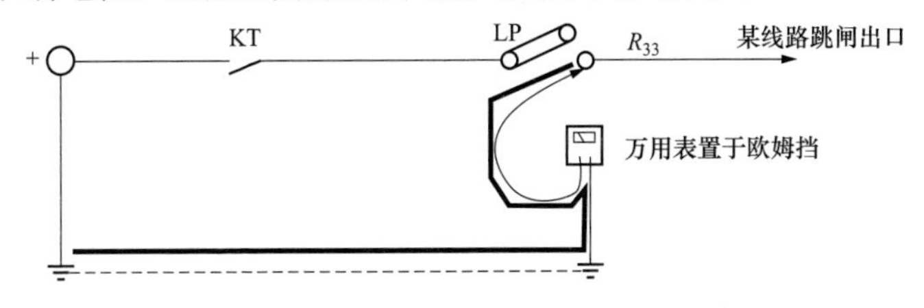

图 1-83　测量保护屏上的线路出口压板下端电位

【危险点分析】 正电源经地网→万用表→压板 LP 下端→R_{33}跳闸。

【防范措施】

（1）检查直流系统是否有接地现象；

（2）测量电位前应先检查万用表挡位；

（3）采用高内阻万用表测量出口回路电压；

（4）加强对运行人员技术的培训。

【案例 4】 继电保护工作人员进行二次回路检查，使用 UT601 型万用表测量零序Ⅱ段信号继电器 KS 线圈通断时，发生零序方向Ⅱ段跳闸继电器 KPT 启动跳闸事故，如图 1-84 所示。

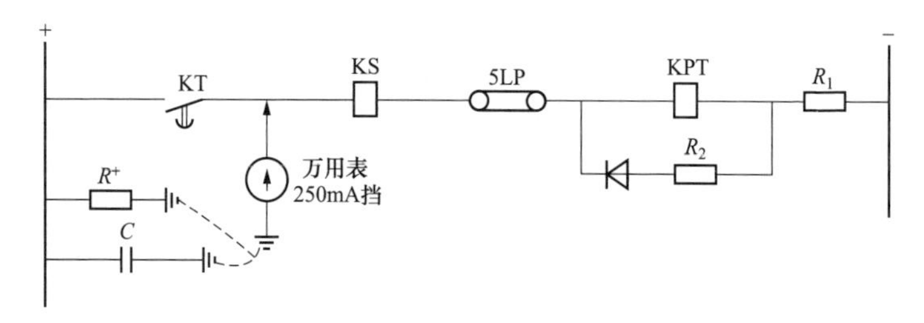

图 1-84　万用表使用不当接线示意图

【危险点分析】 检查发现使用的万用表档位置于在 250mA 档，万用表电阻小，通过上图中的直流绝缘监测装置和抗干扰对地电容 C 形成回路，直流正电通过万用表启动出口跳闸继电器线圈。

【防范措施】

（1）提高跳闸中间继电器 KPT 工作电压，而图 1-84 中的 R_1 位置安放不对，不能解决 KPT 线圈绝缘降低而误启动跳闸，为防止正端接地误动，应按反措要求进行整改。

（2）在二次回路工作，必须有专人监护，并且使用万用表的方法要正确。

第二章 风险辨识及建立风险库

二次回路作业出现遗漏和疏忽，将导致事件扩大，电气二次作业是“隐形的高风险作业”，除了宏观上需要把握作业的方向和思路外，实施的过程中更是“一环扣一环，环环险象环生”，一定要注重细节。作业人员百密一疏，疏忽了细节，即螺栓缺失一颗、扳手头误碰、端子未打开、线头未包扎等很细微的工作环节，都将导致事件的发生。

为了从宏观上把控二次作业的方向和思路，严格对施工方案、作业指导书审核把关外，需梳理二次作业风险，建立“二次回路作业风险库”，认真辨识二次回路及其邻近区域上的作业风险，将危险点分析防控到位，防止源头上出现纰漏，采取控制措施，确保措施执行到位，严格全过程管控。

第一节 保护检验二次回路作业风险库

继电保护检验包括：①新安装的继电保护装置的验收检验；②继电保护的动作特性和互感器及二次回路的全检；③只对与定值有关的继电保护装置进行部检；④根据实际情况确定的补充检验。任何保护检验均需进行作业危险点分析并制定相应的控制措施，建立保护检验二次回路作业风险库，具体如表 2-1～表 2-22 所示。

表 2-1　　10kV 线路保护检验

工作内容	危险点	控制措施	依据
10kV 线路保护检验	（1）工作负责人不向工作班成员	工作负责人向工作班成员宣读工作票，交代现场安全措施、带电部位	

续表

工作内容	危险点	控制措施	依据
10kV 线路保护检验	交代工作任务及现场，造成工作成员对工作任务及工作范围不清晰	和工作危险点及其控制措施。做好监护工作	
	（2）发生误接线、误触碰、误整定的继电保护三误事故	（1）对于带电运行中的保护要采取隔离措施，明确工作范围防止误接线、误触碰。 （2）进行两次核对定值防止误整定。 （3）工作拆开的线头要与监护人核对并做好防止误接线。 （4）核对四遥信号时要做好监护，防止误短接回路	
	（3）漏恢复其他安全措施	（1）工作完毕，工作负责人要检查保护原来运行的压板、切换把手状态，TA、TV 回路连接片应在正确位置。 （2）因工作需要变动了的断路器、隔离开关、接地隔离开关、接地线状态应恢复	
	（4）高压触电	尽可能缩短在高压室的停留时间，工作人员不能单独留在高压室	
	（5）一次升流	（1）继电保护装置做传动试验或一次通电时，应通知值班员和有关人员，并由工作负责人或由他派人到现场监视方可进行。 （2）拆除接地线时应通知运行操作人员，由操作人员拆除接地线，工作完毕应恢复原状态。 （3）防止试验导线误碰带电设备	

表 2-2　　10kV 电容器保护检验

工作内容	危险点	控制措施	依据
10kV 电容器保护检验	（1）工作负责人不向工作班成员交代工作任务及现场，造成工作成员对工作任务及工作范围不清晰	工作负责人向工作班成员宣读工作票，交代现场安全措施、带电部位和工作危险点及其控制措施，做好监护工作	

续表

工作内容	危险点	控制措施	依据
10kV 电容器保护检验	（2）发生误接线、误触碰、误整定的继电保护三误事故	（1）对于带电运行中的保护要采取隔离措施，明确工作范围防止误触碰接线。 （2）核对定值防止误整定。 （3）工作拆开的线头要与监护人核对并做好防止误接线。 （4）核对四遥信号时要做好监护，防止误短接回路	
	（3）漏恢复其他安全措施	（1）工作完毕工作负责人要检查保护原来运行的压板、切换把手状态，TA、TV 回路连接片应在正确位置。 （2）检查临时短接接地隔离开关辅助接点的短接线是否拆除。 （3）因工作需要变动了的断路器、隔离开关、接地隔离开关、接地线状态应恢复	
	（4）高压触电	（1）工作人员不能单独留在高压室。尽可能缩短在高压室的停留时间。 （2）工作票上明确要求将电容放电，工作前工作负责人会同工作许可人检查落实，并要求工作许可人以手触摸，确保无电	
	（5）一次升流	（1）继电保护装置做传动试验或一次通电时，应通知值班员和有关人员，并由工作负责人或由他派人到现场监视方可进行。 （2）拆除接地线时应通知运行操作人员，由操作人员拆除接地线，工作完毕应恢复原状态。 （3）防止试验导线误碰带电设备	

表 2-3　　110kV 线路保护检验

工作内容	危险点	控制措施	依据
110kV 线路保护检验	（1）工作负责人不向工作班成员交代工作现场	工作负责人向工作班成员宣读工作票，交代现场安全措施、带电部位和工作危险点及其控制措施做好监护工作	

续表

工作内容	危险点	控制措施	依据
110kV 线路保护检验	(2)电压二次回路短路或接地造成 TV 失压。试验时线路 TV 二次回路倒送电至线路	母线 TV 二次回路带电运行中，解接线前要核对图纸，要检查线路 TV 回路已断开，并用万用表测量被试验回路无电压	
	(3)发生误接线、误触碰、误整定的继电保护三误事故	(1)对于带电运行中的保护要采取隔离措施，明确工作范围防止误接线。 (2)核对定值防止误整定。掌握核对“检同期”“检无压”“不检”三组定值方法。 (3)按照实际填写“继电保护二次措施票”，工作拆开的线头要与监护人核对并做好防止误接线，设立专人监护。 (4)核对四遥信号时要做好监护，防止误短接回路。 (5)退出联跳回路的出口压板。有联跳其他保护的 110kV 线路保护(如 110kV 线路保护动作联跳电厂线)应退出联跳压板，封好端子排上的联跳回路。必要时拆除联跳回路接线并用绝缘胶布包扎好。 (6)电流互感器二次回路有变动时，应对电流回路进行相应测量及差流检测	
	(4)漏恢复其他安全措施	(1)工作完毕恢复联跳回路的接线并测量联跳回路压板两端的电位正确后方可投入压板。 (2)工作完毕工作负责人要检查保护原来运行的压板、切换把手状态，TA、TV 回路连接片应在正确位置。 (3)因工作需要变动了的断路器、隔离开关、接地隔离开关、接地线状态应恢复	
	(5)一次升流高压触电	(1)继电保护装置做传动试验或一次通电时，应通知值班员和有关人员，并由工作负责人或由他派人到现场监视方可进行。拆除接地线时应通知运行操作人员，由操作人员拆除接地线，工作完毕应恢复原状态。	

续表

工作内容	危险点	控制措施	依据
110kV 线路保护检验	（5）一次升流高压触电	（2）一次升流试验时，需攀登一次设备接线工作，应在有经验的第二人监护下进行。①攀登一次设备应戴好安全帽，系好安全带。②进行一次通流试验时，应有防止母差保护误动的安全措施。③防止试验导线误碰带电设备	

表 2-4　　110kV 旁路保护检验

工作内容	危险点	控制措施	依据
110kV 旁路保护检验	（1）工作负责人不向工作班成员交代工作现场	工作负责人向工作班成员宣读工作票，交代现场安全措施、带电部位和工作危险点及其控制措施，做好监护工作	
	（2）电压二次回路短路或接地造成 TV 失压。试验时线路 TV 二次回路倒送电至线路	母线 TV 二次回路带电运行中，解接线前要核对图纸，要检查线路 TV 回路已断开，并用万用表测量被试验回路无电压	
	（3）发生误接线、误触碰、误整定的继电保护三误事故	（1）对于带电运行中的保护要采取隔离措施，明确工作范围防止误接线。 （2）核对定值防止误整定。旁路保护定值比较多，注意核对。掌握核对“检同期”、“检无压”、“不检”三组定值方法。 （3）按照实际填写“继电保护二次措施票”，工作拆开的线头要与监护人核对并做好防止误接线，设立专人监护。 （4）核对四遥信号时要做好监护，确认非跳合闸回路，防止误短接回路。 （5）退出联跳回路的出口压板。有联跳其他保护的 110kV 线路保护（如 110kV 线路保护动作联跳电厂线）应退出联跳压板，封好端子排上的联跳回路。必要时拆除联跳回路接线并用绝缘胶布包扎好。	

续表

工作内容	危险点	控制措施	依据
110kV 旁路保护检验	（3）发生误接线、误触碰、误整定的继电保护三误事故	（6）电流互感器二次回路有变动时，应对电流回路进行相应测量及差流检测	
	（4）漏恢复其他安全措施	（1）工作完毕应恢复联跳回路接线并测量联跳回路压板两端的电位正确后方可投入压板。 （2）工作完毕工作负责人要检查保护原来运行的压板、切换把手状态，TA、TV 回路连接片应在正确位置。 （3）因工作需要变动了的断路器、隔离开关、接地隔离开关、接地线状态应恢复	
	（5）一次升流	（1）保护装置做传动试验或一次通电时，应通知值班员和有关人员，并由工作负责人或由他派人到现场监视方可进行。拆除接地线时应通知运行操作人员，由操作人员拆除接地线，工作完毕应恢复原状态。 （2）一次升流试验时，需攀登一次设备接线工作，应在有经验的第二人监护下进行。 （3）攀登一次设备应戴好安全帽，系好安全带。 （4）进行一次通流试验时，应有防止母差保护误动的安全措施	

表 2-5　　220kV 线路保护检验（线路停电）

工作内容	危险点	控制措施	依据
220kV 线路保护检验（线路停电）	（1）失灵启动远跳回路未能完全隔离造成启动母差保护	核对图纸将失灵启动回路压板、远跳压板完全断开，并与被试验回路隔离	
	（2）回路未做安全措施，安全稳定装置误动	注意检查安全稳定装置回路的走向，检查隔离相应的电流及电压回路，做好明显标志，防止安全稳定装置误动	

续表

工作内容	危险点	控制措施	依据
220kV线路保护检验（线路停电）	（3）电压二次回路短路或接地造成TV失压。试验时线路TV二次回路倒送电至线路	母线TV二次回路带电运行中，解接线前要核对图纸，并用万用表测量被试验回路无电压。要检查线路TV回路已断开	
	（4）发生误接线、误触碰、误整定的继电保护三误事故	（1）对于带电运行中的保护要采取隔离措施，明确工作范围，防止误接线。 （2）核对定值防止误整定。 （3）按照实际填写“继电保护二次措施票”，工作拆开的线头要与监护人核对并做好防止误接线，设立专人监护。 （4）核对“四遥”信号时要做好监护，确认非跳合闸回路，防止误短接回路。 （5）退出主Ⅰ、主Ⅱ保护断路器失灵启动开出等压板。 （6）退出220kV断路器辅助保护断路器失灵启动开出、220kV断路器失灵启动总出口（总投入）等压板。 （7）退出主Ⅰ、主Ⅱ保护远跳启动开入或发信开出等压板。 （8）电流互感器二次回路有变动时，应对电流回路进行相应测量及差流检测	
	（5）漏恢复其他安全措施	（1）工作完毕工作负责人要检查保护原来运行的压板、切换把手状态，TA、TV回路连接片应在正确位置。 （2）工作结束，检查收发信机或光纤的通道是否恢复到正常位置。 （3）因工作需要变动了的断路器、隔离开关、接地隔离开关、接地线状态应恢复	

表2-6　　220kV线路保护检验（用旁路代路）

工作内容	危险点	控制措施	依据
220kV线路保护检验（用旁路代路）	（1）失灵启动远跳回路未能完全隔离造成启动母差保护	核对图纸将失灵启动回路压板、远跳压板完全断开，并与被试验回路隔离	

续表

工作内容	危险点	控制措施	依据
220kV线路保护检验（用旁路代路）	（2）回路未做安全措施，安全稳定装置误动	注意检查安全稳定回路的走向，检查隔离相应的电流及电压回路，做好明显标志，防止安全稳定装置误动	
	（3）电压二次回路短路或接地造成TV失压。试验时线路TV二次回路倒送电至线路	母线TV二次回路带电运行中，解接线前要核对图纸，并用万用表测量被试验回路无电压。检查线路TV回路已断开	
	（4）发生误接线、误触碰、误整定的继电保护三误事故	（1）对于带电运行中的保护要采取隔离措施，明确工作范围防止误解接线。 （2）核对定值防止误整定。 （3）按照实际填写“继电保护二次措施票”，工作拆开的线头要与监护人核对并做好防止误接线，设立专人监护。 （4）核对“四遥”信号时要做好监护，确认非跳合闸回路，防止误短接回路。 （5）对于在代路运行的收发信机，要采取隔离措施，明确工作范围，防止误动运行中设备。 （6）退出主Ⅰ、主Ⅱ保护断路器失灵启动开出等压板。 （7）退出220kV断路器辅助保护断路器失灵启动开出、220kV断路器失灵启动总出口（总投入）等压板。 （8）退出主Ⅰ、主Ⅱ保护远跳启动开入或发信开出等压板。 （9）电流互感器二次回路有变动时，应对电流回路进行相应测量及差流检测。	
	（5）漏恢复其他安全措施	（1）办理继电保护措施票，工作完毕工作负责人要检查保护原来运行的压板、切换把手状态，TA、TV回路连接片应在正确位置。 （2）工作结束，检查收发信机或光纤通道是否恢复到正常位置。 （3）因工作需要变动了的断路器、隔离开关、接地隔离开关、接地线状态应恢复	

表 2-7　500kV 线路保护检验

工作内容	危险点	控制措施	依据
500kV 线路保护检验	(1)断路器保护起动跳闸或远跳回路未能完全隔离造成回路接通引起跳闸造成电网事故	核对图纸将断路器保护起动跳闸或远跳回路完全断开与被试验回路隔离	
	(2)失灵起动回路未能完全隔离造成回路接通。	核对图纸将失灵起动回路压板完全断开与被试验回路隔离	
	(3)线路电压二次回路短路或接地造成 TV 失压。试验时线路 TV 二次回路倒送电至线路	线路 TV 二次回路带电运行中解接线前要核对图纸，并用万用表测量被试验回路无电压，要检查线路 TV 回路已断开并做好隔离措施	
	(4) 发生误接线、误触碰、误整定的继电保护三误事故	(1) 对于带电运行中的保护要采取隔离措施，明确工作范围防止误解接线。 (2) 核对定值防止误整定。 (3) 按照实际填写“继电保护二次措施票”，工作拆开的线头要与监护人核对并做好防止误接线，设立专人监护。 (4) 核对“四遥”信号时要做好监护，确认非跳合闸回路，防止误短接回路。 (5) 退出联跳回路的出口压板。 (6) 退出 500kV 断路器保护失灵联跳相邻 500kV 断路器出口、失灵启动 500kV 母差失灵保护出口压板、失灵联跳主变压器三侧出口压板。 (7) 退出 500kV 辅 A、辅 B 保护启动远跳发信出口压板。 (8) 电流互感器二次回路有变动时，应对电流回路进行相应测量及差流检测	
	(5)漏恢复其他安全措施	(1) 办理继保措施票，工作完毕工作负责人要检查保护原来运行的压板、切换把手状态，TA、TV 回路连接片应在正确位置。	

续表

工作内容	危险点	控制措施	依据
500kV线路保护检验	(5)漏恢复其他安全措施	(2)因工作需要变动了的断路器、隔离开关、接地隔离开关、接地线状态应恢复	

表 2-8　　　110kV 变压器保护检验

工作内容	危险点	控制措施	依据
110kV变压器保护检验	(1)低压侧母联断路器跳闸造成10kV母线失压	要核对图纸，把低压侧母联断路器跳闸回路（包括压板名称、电缆接线）弄清楚。必要时可用拉合操作电源来判断压板的正确性	
	(2)电压二次回路短路或接地造成TV失压	(1)母线TV二次回路带电运行中，解接线前要核对图纸，并用万用表测量被试验回路无电压。 (2)变压器低压侧有TV的，应将TV小车拉出至检修位置，并断开其二次回路	
	(3)发生误接线、误触碰、误整定的继电保护三误事故	(1)对于带电运行中的保护要采取隔离措施，明确工作范围防止误解接线。 (2)核对定值防止误整定。 (3)按照实际填写“继电保护二次措施票”，工作拆开的线头要与监护人核对并做好防止误接线，设立专人监护。 (4)核对“四遥”信号时要做好监护，确认非跳合闸回路，防止误短接回路。 (5)注意退出联跳旁路断路器、母联断路器等联跳出口压板。 (6)主变压器电流互感器二次回路有变动时，应对主变压器差动回路进行相应测量及差流检测	
	(4)漏恢复其他安全措施	(1)工作完毕工作负责人要检查保护原来运行的压板、切换把手状态，TA、TV回路连接片应在正确位置。 (2)因工作需要变动了的断路器、隔离开关、接地隔离开关、接地线状态应恢复	

续表

工作内容	危险点	控制措施	依据
110kV变压器保护检验	（5）高空坠落，落物打击	（1）传动非电量保护时注意做好防止高空坠落的安全措施。攀登设备时应系好安全带，应在有经验的人监护下进行。 （2）进入工作现场必须戴好安全帽	

表2-9　220kV变压器保护检验

工作内容	危险点	控制措施	依据
220kV变压器保护检验	（1）高压侧、中压侧、低压侧母联断路器跳闸造成电网事故	要核对图纸，把高压侧、中压侧、低压侧母联断路器跳闸回路（包括压板名称、电缆接线）弄清楚。必要时可用拉合操作电源来判断压板的正确性	
	（2）变压器高压侧失灵启动回路未能完全隔离造成回路接通	核对图纸，将变压器高压侧失灵启动回路压板完全断开与被试验回路隔离	
	（3）电压二次回路短路或接地造成TV失压	母线TV二次回路带电运行中，解接线前要核对图纸，并用万用表测量被试验回路无电压	
	（4）发生误接线、误触碰、误整定的继电保护三误事故	（1）对于带电运行中的保护要采取隔离措施，明确工作范围防止误接线。 （2）核对定值防止误整定。 （3）按照实际填写“继电保护二次措施票”，工作拆开的线头要与监护人核对并做好防止误接线，设立专人监护。 （4）核对“四遥”信号时要做好监护，确认非跳合闸回路，防止误短接回路。 （5）注意退出联跳旁路断路器、母联断路器、10kV电源线断路器等联跳出口压板。 （6）退出解除220kV失灵保护高压闭锁，闭锁10kV备自投等压板。 （7）退出220kV断路器辅助保护220kV侧断路器失灵启动开出、220kV侧断路器失灵启动总出口（总投入）等压板。 （8）主变电流互感器二次回路有变动时，应对主变压器差动回路进行相应测量及差流检测	

续表

工作内容	危险点	控制措施	依据
220kV变压器保护检验	(5)漏恢复其他安全措施	(1)工作完毕工作负责人要检查保护原来运行的压板、切换把手状态，TA、TV回路连接片应在正确位置。 (2)工作负责人思想上要重视，回路有存在错误的可能，要认真做好定值核对，回路试验，压板名称核对，对有公共回路的一定要做好安全措施防止误跳闸	
	(6)高空坠落	(1)传动非电量保护时注意做好防止高空坠落的安全措施。攀登设备时应系好安全带，应在有经验的人监护下进行。 (2)进入工作现场必须戴好安全帽	

表2-10　　500kV变压器保护检验

工作内容	危险点	控制措施	依据
500kV变压器保护检验	(1)中压侧、低压侧母联、分段断路器及电容电抗断路器跳闸造成电网事故	要核对图纸，把中压侧、低压侧母联、分段断路器及电容电抗跳闸回路(包括压板名称、电缆接线)弄清楚。必要时可用拉合操作电源来判断压板的正确性	
	(2)变压器高压侧及联络断路器保护启动跳闸或远跳回路未能完全隔离造成回路接通引起跳闸造成电网事故	核对图纸，将变压器高压侧及联络断路器保护启动跳闸或远跳回路完全断开与被试验回路隔离(如采用红色的胶布将跳闸压板封好等)	
	(3)变压器高压侧、变压器中压侧断路器辅助保护失灵启动回路未能完全隔离造成回路接通	核对图纸，将变压器高压侧、变压器中压侧失灵启动回路压板完全断开与被试验回路隔离	
	(4)电压二次回路短路或接地造成TV失压	母线TV二次回路带电运行中，拆接线前要核对图纸，并用万用表测量被试验回路无电压	

续表

工作内容	危险点	控制措施	依据
500kV变压器保护检验	（5）发生误接线、误触碰、误整定的继电保护三误事故	（1）对于带电运行中的保护要采取隔离措施，明确工作范围防止误解接线。 （2）核对定值防止误整定。 （3）按照实际填写“继电保护二次措施票”，工作拆开的线头要与监护人核对并做好防止误接线措施，设立专人监护。 （4）核对“四遥”信号时要做好监护，确认非跳合闸回路，防止误短接回路。 （5）注意退出联跳出口压板。 （6）注意退出500kV断路器保护失灵跳相邻500kV断路器出口压板、失灵启动500kV母差失灵保护压板。 （7）退出500kV断路器保护失灵启动远跳发信出口压板。 （8）退出220kV断路器辅助保护中压侧失灵启动开出、中压侧断路器失灵总出口（总投入）出口压板。 （9）主变压器电流互感器二次回路有变动时，应对主变压器差动回路进行相应测量及差流检测	
	（6）漏恢复其他安全措施	（1）工作完毕工作负责人要检查保护原来运行的压板、切换把手状态，TA、TV回路连接片应在正确位置。 （2）因工作需要变动了的断路器、隔离开关、接地隔离开关、接地线状态应恢复	
	（7）高空坠落	（1）传动非电量保护时注意做好防止高空坠落的安全措施，加强监护。 （2）进入工作现场必须戴好安全帽	

表 2-11　　备自投装置检验

工作内容	危险点	控制措施	依据
220kV备用电源自动投入装置检验	（1）启动跳闸回路未能完全隔离造成回路接通引起断路器跳闸造成全站失压的电网事故	核对图纸将自投装置的启动跳闸、闭锁重合闸回路（如跳闸压板）完全断开与被试验回路隔离，并采取绝缘措施将压板的带负电位端包扎好（如采用红色的胶布将跳闸压板封好等）	

续表

工作内容	危险点	控制措施	依据
220kV 备用电源自动投入装置检验	（2）电压二次回路短路或接地造成 TV 失压	母线 TV 二次回路带电运行中，拆接线前要核对图纸，并用万用表测量被试验回路无电压	
	（3）发生误接线、误触碰、误整定的继电保护三误事故。	（1）对于带电运行中的保护要采取隔离措施，明确工作范围防止误接线。 （2）核对定值防止误整定。 （3）按照实际填写“继电保护二次措施票”，设立专人监护，工作拆开的线头要与监护人核对并做好防止误接线。 （4）退出备自投跳主变压器 220kV 侧断路器或旁路断路器出口压板及合 220kV 母联分段断路器出口压板。 （5）核对“四遥”信号时要做好监护，确认非跳合闸回路，防止误短接回路	
	（4）漏恢复其他安全措施。	（1）严格执行继电保护措施票制度。工作结束前工作负责人要检查原来运行的压板、切换把手状态，TA、TV 回路连接片应在正确位置。 （2）因工作需要变动了的断路器状态应恢复	
	（5）TA 回路开路造成人身触电。	使用专用短路线短接 TA 二次端子，工作前做好短路线检查确保短路线完好，并做好监护工作确保运行的 TA 回路与被试验回路隔离	

表 2-12　　　　低频装置检验

工作内容	危险点	控制措施	依据
低频低压减负荷装置检验	（1）启动跳闸回路未能完全隔离造成回路接通引起断路器跳闸造成全站失压的电网事故	核对图纸将低频装置的启动跳闸回路（如跳闸压板）完全断开与被试验回路隔离，并采取绝缘措施将压板的带负电位端包扎好（如采用红色的胶布密封压板等）	

续表

工作内容	危险点	控制措施	依据
低频低压减负荷装置检验	（2）电压二次回路短路或接地造成TV失压	母线TV二次回路带电运行中，拆接线前要核对图纸，并用万用表测量被试验回路无电压	
	（3）发生误接线、误触碰、误整定的继电保护三误事故	（1）对于带电运行中的保护要采取隔离措施，明确工作范围防止误接线。 （2）核对定值防止误整定。 （3）按照实际填写“继电保护二次措施票”，工作拆开的线头要与监护人核对并做好防止误接线，设立专人监护。 （4）核对“四遥”信号时要做好监护，确认非跳合闸回路，防止误短接回路	
	（4）漏恢复其他安全措施	严格执行继电保护措施票制度。工作结束前工作负责人要检查保护原来运行的压板、切换把手状态，TA、TV回路连接片应在正确位置	
	（5）电流互感器二次开路造成人身触电	（1）严禁将电流互感器二次侧开路。使用专用短路线短接TA二次端子，工作前做好短路线检查确保短路线完好，严禁用导线缠绕。并做好监护工作确保运行的TA回路与被试验回路隔离。 （2）严禁在电流互感器与短路端子之间的回路和导线上进行任何工作。 （3）工作必须认真谨慎，不得将回路的永久接地点断开。 （4）监护工作确保运行的TA回路与被试验回路隔离	

表2-13　　母差保护检验

工作内容	危险点	控制措施	依据
母差保护检验	（1）启动跳闸回路未能完全隔离造成回路接通引起断路器跳闸造成全站失压的电网事故	核对图纸将所有跳闸和放电回路完全断开与被试验回路隔离，并采取绝缘措施将压板的带负电位端包扎好（如采用红色的胶布将跳闸压板封好等）	

续表

工作内容	危险点	控制措施	依据
母差保护检验	（2）电压互感器二次回路短路或接地造成 TV 失压	母线 TV 二次回路带电运行中，拆接线前要核对图纸，并用万用表测量被试验回路无电压	
	（3）发生误接线、误触碰、误整定的继电保护三误事故	（1）核对保护定值防止误整定，工作拆开的线头要与监护人核对并做好防止误接线。核对“四遥”信号时要做好监护，防止误短接回路。 （2）严格认真执行继电保护安全措施票，在监护人的监护下，核对应临时断开的回路和接头，做到拆一个用绝缘物包好一个，并做好执行的标志，恢复时仍需逐个进行。 （3）模拟跳闸试验时应在跳闸回路上做好可靠的措施防止误切，只可使出口元件动作。 （4）退出母差保护全部跳闸出口压板。 （5）当母线上连接元件变更或电流互感器二次回路变化时，必须对母差电流回路进行电流相量测量及差流、差压检测，回路极性核对正确、差流、差压检测合格后方可投入母差保护	
	（4）漏恢复其他安全措施	工作结束前工作负责人要检查保护原来运行的压板、切换把手状态，TA、TV 回路连接片应在正确位置	
	（5）电流互感器二次回路开路造成人身触电	（1）严禁将电流互感器二次侧开路。使用专用短路线短接 TA 二次端子，工作前做好短路线检查确保短路线完好，严禁用导线缠绕。并做好监护工作确保运行的 TA 回路与被试验回路隔离。 （2）严禁在电流互感器与短路端子之间的回路和导线上进行任何工作。 （3）工作必须认真谨慎，不得将回路的永久接地点断开。 （4）工作时必须有专人监护，使用绝缘工具，并站在绝缘垫上	

表 2-14　　录波装置检验

工作内容	危险点	控制措施	依据
录波装置检验	（1）电流互感器二次回路开路造成人身触电	（1）严禁将电流互感器二次侧开路。使用专用短路线短接 TA 二次端子，工作前做好短路线检查确保短路线完好，严禁用导线缠绕。并做好监护工作确保运行的 TA 回路与被试验回路隔离。 （2）严禁在电流互感器与短路端子之间的回路和导线上进行任何工作。 （3）工作必须认真谨慎，不得将回路的永久接地点断开。 （4）工作时必须有专人监护，使用绝缘工具，并站在绝缘垫上	
	（2）电压二次回路短路或接地造成 TV 失压	（1）母线 TV 二次回路带电运行中，拆接线前要核对图纸，并用万用表测量被试验回路无电压。 （2）严格防止电压回路短路或接地，工作中应使用绝缘工具并戴手套，必要时暂时停用有关的保护装置	
	（3）发生误接线、误触碰、误整定的继电保护三误事故	（1）核对保护定值防止误整定，工作拆开的线头要与监护人核对并做好防止误接线。核对“四遥”信号时要做好监护，防止误短接回路。 （2）认真核对图纸，弄清回路的连接关系，防止误断其他运行设备。 （3）短接电流回路时，应保证接在本装置后的设备能正常运行	
	（4）漏恢复其他安全措施	工作结束前工作负责人要检查保护原来运行的 TA、TV 回路连接片应在正确位置	

表 2-15　　失灵保护试验

工作内容	危险点	控制措施	依据
失灵保护试验	（1）拆开和恢复回路工作中有遗漏和误碰	（1）首先核对图纸，弄清失灵保护的逻辑关系，认真填写“二次设备及回路工作安全技术措施单”，需要拆开的回路和线头逐个拆开包好，恢复时仍需逐个进行，拆除临时标志。 （2）试验和拆、接线工作，必须严格执行监护制度。	

续表

工作内容	危险点	控制措施	依据
失灵保护试验	（1）拆开和恢复回路工作中有遗漏和误碰	（3）各失灵启动及联跳回路必须在电缆两侧同时断开，恢复时应先恢复正电端跳闸线并验明无电压后方可恢复	
	（2）低压触电	（1）工作人员之间做好配合，拉、合电源开关时发出相应的口令。 （2）使用完整合格的安全开关，装合适的熔丝。 （3）接、拆电源必须在电源开关拉开的情况下进行	

表 2-16　　　　安全稳定装置试验

工作内容	危险点	控制措施	依据
安全稳定装置试验	（1）电压回路短路造成失压	（1）核对图纸在监护人监护下拆开电压回路。 （2）严防短路或接地，应使用绝缘工具并戴绝缘手套。 （3）必要时工作前停用有关保护装置	
	（2）工作人员对自动装置逻辑关系不清造成误动或拒动	（1）在核对图纸基础上，弄清该自动装置和有关设备之间的联系，拆开和恢复线头时要逐个包好或剥去绝缘物，防止误碰或接触不良。 （2）拆开和恢复时做好记录并做好执行的标志，防止遗漏。 （3）退出安全稳定装置全部出口压板、AB 套数据允许交换、上级主站通道投入、下级执行站通道投入等压板。 （4）断开与上级主站及下级执行站的光纤通信通道开关	
	（3）低压触电	（1）工作人员之间做好配合，拉、合电源开关时发出相应的口令。 （2）使用完整合格的安全开关，装合适的熔丝。 （3）接、拆电源必须在电源开关拉开的情况下进行	

表 2-17　　故障滤波器故障分析装置检验

工作内容	危险点	控制措施	依据
故障滤波器故障分析装置检验	（1）电流互感器二次开路造成触电伤害	（1）严禁将电流互感器二次侧开路。 （2）短路电流互感器二次绕组必须用短路片或短路线，短路应妥善可靠，严禁用导线缠绕。 （3）严禁在电流互感器与短路端子之间的回路和导线上进行任何工作。 （4）工作必须认真谨慎不得将回路的永久接地点断开。 （5）工作时必须有人监护，使用绝缘工具并站在绝缘垫上。 （6）工作前认真校对电流互感器各回路标志，严防单一回路	
	（2）电压回路短路或接地造成失压	（1）严格防止短路或接地，工作中应用绝缘工具并戴绝缘手套，必要时暂时停用有关的保护装置。 （2）准备好应急照明用具	

表 2-18　　继电器及二次回路上的试验

工作内容	危险点	控制措施	依据
继电器及二次回路上的试验	（1）电流互感器二次开路造成触电伤害	（1）严禁将电流互感器二次侧开路。 （2）短路电流互感器二次绕组必须用短路片或短路线，短路应妥善可靠，严禁用导线缠绕。 （3）严禁在电流互感器与短路端子之间的回路和导线上进行任何工作。 （4）工作必须认真谨慎不得将回路的永久接地点断开。 （5）工作时必须有人监护，使用绝缘工具并站在绝缘垫上。 （6）工作前认真校对电流互感器各回路标志，严防单一回路	《电业安全工作规程》（发电厂和变电所电气部分）第221条
	（2）电压回路接地或短路引起人身伤害	（1）在带电电压互感器二次回路工作时，应使用绝缘工具，戴绝缘手套，必要时设专人监护。 （2）接临时负载，必须使用专用的隔离开关和熔断器。 （3）必要时将退出有关保护装置	《电业安全工作规程》（发电厂和变电所电气部分）第222条

续表

工作内容	危险点	控制措施	依据
继电器及二次回路上的试验	（3）继电器电压线圈及二次回路通电试验，造成触电伤害	（1）二次回路通电试验时，应通知值班员和有关人员，并派人到各现场看守，检查回路上确无人工作后，方可通电。 （2）二次回路通电压试验时，为防止由电压互感器二次侧向一次侧反充电，应将电压互感器一、二次熔丝都取下。 （3）继电器电压线圈通电时，应断开其电压回路的接线	《电业安全工作规程》（发电厂和变电所电气部分）第223条
	（4）接错线，造成跳闸	（1）拆（接）线时应实行两人检查制，一人拆（接）线、一人监护，并要逐项记录，恢复接线时，要根据记录认真核对。 （2）严格落实继电保护安全措施票制度，防止误接线，变更二次回路接线时，事先应经过审核，拆动接线前与原图核对，接线修改后要与新图核对，应拆除无用线以防止寄生回路存在。 （3）在二次回路工作时，凡遇到异常情况（如断路器跳闸等）不管与本身工作是否有关，立即停止工作，保持现状，查明原因，确定与本身工作无关后方可继续工作	《电业安全工作规程》（发电厂和变电所电气部分）第213、226条
	（5）保护误整定造成开关误动	（1）进行更改定值工作时，严格按定值单内容逐项执行，并做好防止联跳回路误动的措施。 （2）必须两人进行工作，一人进行操作，一人进行监护。更改完毕监护人重新查看并核对	
	（6）保护受干扰误动	（1）严防在控制室使用高频发射机、大功率对讲机及移动手提式电话。 （2）控制室的微机保护装置屏的铁门必须关闭。 （3）拆除保护屏内的照明灯	《电力系统继电保护及安全自动装置反事故技术措施汇编》
	（7）低压触电伤害	（1）拆（装）试验线时，必须把电流。电压降至零位，关闭电源开关后方可进行。 （2）试验用的接线卡子，必须带绝缘套。	《电业安全工作规程》（发电厂和变电所电气部分）第216条

续表

工作内容	危险点	控制措施	依据
继电器及二次回路上的试验	（7）低压触电伤害	（3）试验接线不允许有裸露处，接头要用绝缘胶布包好，接线端子旋钮要拧紧。 （4）相序试验时，要防止电压端子短路，操作人员应站在绝缘垫上，并设专人监护。 （5）所有试验仪器、测试仪器等，均必须按使用说明书的要求做好相关的接地后，才能接通电源	《反事故技术措施汇编》第 12.15 条
	（8）SEL 保护定值更改时，由于定值整定复杂，功能较多，易误整定	改定值后，应该反复检查定值，以免误整定。逻辑部分定值一般不要修改，修改后必须全面试验	
	（9）使用手提笔记本电脑与 SEL 保护通讯操作不好，会造成通信中断	通信后应该用 QUIT 命令退出，再断开通信电缆，否则继电器不能与 2020 管理机恢复通信	
	（10）逆变电源试验	（1）断开保护电源防止直流倒供电。 （2）加压时勿超过其最大允许值。 （3）加压前确认加入的是直流电压，而非交流电压，以免烧坏电源插件	
	（11）损坏继电器	（1）测试回路绝缘时应拔出保护插件，使用合规格摇表，以防损坏保护插件。 （2）外加电流电压时不能过大，否则应尽可能减少时间，以免烧坏回路接线和交流插件	

表 2-19　　断路器传动试验

工作内容	危险点	控制措施	依据
断路器传动试验	（1）断路器传动伤人及误跳闸	（1）断路器传动时，拉、合断路器应由运行人员进行，现场应派人看守，防止伤人。 （2）断开与其他设备相连的连接片	《电业安全工作规程》（发电厂和变电所电气部分）第 219 条

续表

工作内容	危险点	控制措施	依据
断路器传动试验	（2）10kV 断路器柜带“分断闭锁”功能的断路器机构操作时容易烧毁合闸接触器或合闸线圈	（1）传动试验时将选择杆切换至“检修”或“工作”位置。 （2）断路器合闸不成功，必须取下断路器的控制电源	

表 2-20　　装有多种保护的线路其中一种或几种保护试验

工作内容	危险点	控制措施	依据
装有多种保护的线路其中一种或几种保护试验	（1）发生继电保护“三误”	（1）明确作业任务和清楚工作范围，核对图纸和各类保护之间的关系，将运行设备和停电设备严格分开，防止发生“三误”。 （2）核对保护定值，防止误整定。 （3）认真执行“二次设备及回路工作安全技术措施单”，在监护人的监护下，核对应临时断开的回路和线头，做到拆一个用绝缘物包好一个，并做好已执行的标志。 （4）恢复时履行同样的手续，接好一个再打开另一个头的绝缘物，并做好已执行的标志，防止遗漏。 （5）工作的保护屏上有运行设备时，应将运行设备以明显的标志隔开。联跳回路应用绝缘胶布封隔	《电业安全工作规程》（发电厂和变电所电气部分）第 214、215、216、217 条
	（2）低压触电	（1）试验电源必须取得运行人员许可，不得在运行设备上取试验电源。 （2）做好工作人员间的互相配合，拉、合电源开关发出相适应的口令。 （3）使用完整合格的安全开关，装合适的熔丝。 （4）接、拆电源时应在电源开关拉开的情况下进行	

表 2-21 装有多种线路保护的屏其中一条线路停电进行保护试验

工作内容	危险点	控制措施	依据
装有多种线路保护的屏其中一条线路停电进行保护试验	(1)发生继电保护“三误”	(1)核对图纸，弄清工作范围，用红布将运行设备与停运设备明显分开，在工作地点屏的前后挂“在此工作”牌，防止误触、误碰及误接线。 (2)核对保护定值，防止误整定。 (3)工作地点的两侧运行设备设临时围栏和挂标示牌，防止误入间隔。 (4)工作拆开的线头需在与监护人核对后逐个拆开并用绝缘物包好，做好标志，恢复时履行同样的手续，逐个打开绝缘物接好后，做好标志	《电业安全工作规程》(发电厂和变电所电气部分)第214、215、216、217条
	(2)低压触电	(1)试验电源必须取得运行人员许可，不得在运行设备上取试验电源。 (2)做好工作人员间的互相配合，拉、合电源开关发出相适应的口令。 (3)使用完整合格的安全开关，装合适的熔丝。 (4)接、拆电源时应在电源开关拉开的情况下进行	《电业安全工作规程》(发电厂和变电所电气部分)第214、215、216、217条

表 2-22 带联跳回路的保护定检

工作内容	危险点	控制措施	依据
带联跳回路的保护定检	误联跳运行中设备	(1)退出联跳回路的出口压板，并用明显的绝缘胶布封好。 (2)按照实际填写“继电保护二次措施票”。 (3)设立专人监护。 (4)工作完毕测量联跳回路压板两端的电位正确后方可投入压板。 (5)将端子排上的联跳回路端子用明显的绝缘胶布封好	

第二节　技改及扩建工程二次回路作业风险库

在进行继电保护技术改造和在原有的基础上进行扩建工程时，必将涉及运行的继电保护及二次回路上的作业，其安全风险很高，必须严格审核施工方案、拆接线方案和作业指导书的针对性，并进行作业危险点分析且制定相应的控制措施，建立技改及扩建工程二次回路作业风险库，具体如表 2-23～表 2-32 所示。

表 2-23　　二 次 接 线

工作内容	危险点	控制措施	依据
二次接线	(1)接线松动造成断路器拒动	(1) 不同线径的电缆芯不允许接入同一个端子中。 (2) 同一个端子不允许接入三个电缆芯。 (3) 所有用旋钮接通回路的端子必须加铜垫片，保证接通良好	《电力系统继电保护及安全自动装置反事故技术措施汇编》
	(2)回路中正电源与分闸、合闸相距较近误动断路器	将二次端子相邻的两端子用绝缘隔片隔开，或用隔离空端子隔开	
	(3)二次接线改动不正确误动	(1) 先在原图上作好修改，经主管继电部门批准。 (2) 按图施工，不准凭记忆工作，拆动二次回路时必须逐一做好记录，恢复时严格核对。 (3) 改完后，作相应的逻辑回路整组试验，确认回路、极性及整定值完全正确，交值班人员验收后申请投运。 (4) 做好竣工图纸的更新工作，工作负责人在现场修改图上签字	

表 2-24　　更换保护屏二次电缆拆接线工作

工作内容	危险点	控制措施	依据
更换保护屏二次电缆解接线工作	(1)二次电缆带电造成直流回路接地或短路	拆接直流电源回路前应用万用表测量回路确无电压后才能进行拆接线工作，已拆的线必须做好标记和绝缘措施，防止造成直流系统短路或接地	
	(2)电压二次回路短路或接地造成 TV 失压	母线 TV 二次回路带电运行中，拆接线前要核对图纸，已拆的线必须做好标记和绝缘措施并用万用表测量被拆接回路无电压	
	(3) TA 回路开路造成人身触电	拆 TA 回路前应用钳型电流表测量回路确无电流后才能进行拆线工作	
	(4)交流电压 380V 回路短路或触电伤人	拆接交流电源回路前，工作负责人做好监护并用万用表测量回路确无电压后才能进行拆接线工作，已拆的线必须做好标记和绝缘措施，防止造成人员触电	

表 2-25　　更换隔离开关二次电缆拆接线工作

工作内容	危险点	控制措施	依据
更换隔离开关二次电缆解接线工作	(1) 走错间隔，造成误解线	工作负责人做好监护工作，工作负责人向工作班成员宣读工作票，交代现场安全措施、带电部位和工作危险点及其控制措施	
	(2)二次电缆带电造成直流回路接地或短路	拆接直流电源回路前应用万用表测量回路确无电压后才能进行拆接线工作，已拆的线必须做好标记和绝缘措施，防止造成直流系统短路或接地	
	(3)交流电压 380V 回路短路或触电伤人	拆接交流电源回路前，工作负责人做好监护并用万用表测量回路确无电压后才能进行拆接线工作，已拆的线必须做好标记和绝缘措施，防止造成人员触电	
	(4) 闭锁回路和隔离开关辅助接点接线错误，造成闭锁错误	拆线前，工作负责人要做好图纸核对，确保闭锁回路和隔离开关辅助接点回路无误。已拆的线必须做好标记和保护措施，防止检修人员烧焊时弄伤电缆	

表 2-26　　更换断路器二次电缆拆接线工作

工作内容	危险点	控制措施	依据
更换断路器二次电缆拆接线工作	（1）二次电缆带电造成直流回路接地或短路	拆接直流电源回路前应用万用表测量回路确无电压后才能进行拆接线工作，已拆的线必须做好标记和绝缘措施，防止造成直流系统短路或接地	
	（2）电压二次回路短路或接地造成TV失压	母线 TV 二次回路带电运行中，拆接线前要核对图纸，已拆的线必须做好标记和绝缘措施并用万用表测量被拆接回路无电压	
	（3）TA 回路开路造成人身触电	拆 TA 回路前应用钳型电流表测量回路确无电流后才能进行拆线工作	
	（4）交流电压380V 回路短路或触电伤人	（1）拆接交流电源回路前，工作负责人做好监护并用万用表测量回路确无电压后才能进行拆接线工作，已拆的线必须做好标记和绝缘措施，防止造成人员触电。 （2）更换的设备周围装设临时接地遮拦并悬挂标示牌，工作人员不准穿越遮栏	

表 2-27　　更换 TA 二次电缆拆接线工作

工作内容	危险点	控制措施	依据
更换 TA 二次电缆拆接线工作	（1）走错间隔，造成误拆线	（1）工作负责人做好监护工作，工作负责人向工作班成员宣读工作票，交代现场安全措施、带电部位和工作危险点及其控制措施。 （2）更换的设备周围装设临时接地遮拦并悬挂标示牌，工作人员不准穿越遮栏	
	（2）TA 二次端子极性、变比以及TA类型弄错。造成保护误动	（1）严格按照审批后的图纸进行接线工作。 （2）解线前，工作负责人要做好 TA 一次、二次极性及 TA 类型确认。变比要与保护定值单进行核对，确保无误。已拆的线必须做好标记和保护措施，防止检修人员烧焊时弄伤电缆。 （3）检查 TA 是否交叉接线	

续表

工作内容	危险点	控制措施	依据
更换 TA 二次电缆拆接线工作	(3)高空落物伤人、高空摔跌	(1)在多班组交叉作业时，工作负责人要做好监护工作，与其他班组协调，防止高空落物伤人。 (2)做好高空作业的安全措施，防止高空坠落。使用合格的梯子，指定专人扶持梯子	

表 2-28　　更换 CVT 二次电缆拆接线工作

工作内容	危险点	控制措施	依据
更换 CVT 二次电缆拆接线工作	(1)走错间隔，造成误解线	工作负责人做好监护工作，工作负责人向工作班成员宣读工作票，交代现场安全措施、带电部位和工作危险点及其控制措施	
	(2)CVT 二次端子极性弄错，造成自动重合闸检同期时不正确动作	(1)拆线前，工作负责人要做好 CVT 二次极性确认。已拆的线必须做好标记和保护措施，防止检修人员烧焊时弄伤电缆。 (2)检查二次接线是否有短路，以防烧坏 CVT	
	(3)高空落物伤人、高空摔跌。	(1)在多班组交叉作业时，工作负责人要做好监护工作，与其他班组协调，防止高空落物伤人。 (2)做好高空作业的安全措施，防止高空坠落。使用合格的梯子，指定专人扶持梯子	

表 2-29　　保护及自动装置屏的拆除、安装、调试工作

工作内容	危险点	控制措施	依据
保护及自动装置屏的拆除、安装、调试工作	(1)误碰运行设备	(1)新装盘上的小母线在与运行盘上的小母线接通前，应有隔离措施。 (2)新盘安装就位后，必须立即将全部安装螺丝紧好，严禁浮放。 (3)对邻近由于振动可能引起的误动的保护装置，应申请临时退出运行。 (4)拆除运行小母线时，应采取必要的防护措施以免造成电压互感器短路或接地。	

续表

工作内容	危险点	控制措施	依据
保护及自动装置屏的拆除、安装、调试工作	（1）误碰运行设备	（5）采取必要措施，尽量减少对其他运行设备的影响。 （6）盘在安装固定好以前，应有防止倾倒的措施。应将新装继电保护盘（柜）与运行盘（柜）以明显标志隔开，对邻近运行盘（柜）挂“运行中”红布帘，对新装继电保护盘（柜）挂“在此工作”标示牌。 （7）在新装继电器附近有带设备时，必须设专人监护	
	（2）人员误伤或人身触电	（1）被拆设备的带电部分必须全部脱离电源，确认被拆设备不带电。 （2）保护盘、自动装置屏拆箱后，应立即将箱板等杂物清理干净，以免阻塞通道或钉子扎脚。 （3）盘撬动就位时人力应足够，指挥应统一，狭窄处应防止挤伤。 （4）盘底加垫时不得将手伸入盘底，单面盘并列安装时应防止靠盘时挤伤手。 （5）盘在安装固定好以前，应有防止倾倒的措施，特别是中心偏在一侧的盘。 （6）安装盘上设备时应有专人扶持。 （7）使用电动工具时，应经隔离开关控制，严防误伤人。电动工具外壳必须可靠接地，并装有漏电保护器。 （8）工作班内人员之间应相互配合，拉、合试验电源开关时应由操作人发出相应的口令。使用完整合格的安全开关，安装合适的熔丝。 （9）接拆试验电源必须在电源开关断开的情况下进行，试验电源必须使用专用电源或值班员指定的电源。 （10）电烙铁使用过程中应放在金属支架上，停止使用时，必须凉透后才可用手拿	
	（3）调试质量粗糙，保护可靠性降低	调试工作应执行有关继电保护检验规程和技术标准。要集中精力，认真调试，确保试验质量	

续表

工作内容	危险点	控制措施	依据
保护及自动装置屏的拆除、安装、调试工作	（4）设备损坏	（1）静态保护插拔插件必须在装置断电的情况下进行，操作应小心谨慎，并使用合适的工具。 （2）使用的电烙铁应有防静电措施	
	（5）发生误整定、误接线、误触碰。	（1）对于带电运行中的保护要采取隔离措施，明确工作范围防止误解接线。 （2）核对定值防止误整定。 （3）工作拆开的线头要与监护人核对并做好防止误接线。 （4）核对“四遥”信号时要做好监护，防止误短接回路。 （5）认真核对图纸，弄清回路的连接关系，防止误断其他运行设备，短接电流回路时，应保证接在本装置后的设备能正常运行	

表 2-30　　保护装置更换、改造加装工作

工作内容	危险点	控制措施	依据
500kV 线路保护更换	500kV TA 二次回路	（1）单个中断路器或边断路器工作时，不应对其进行二次电流回路及 TA 二次侧的工作，必须工作时，使用绝缘工器具做好隔离措施：不得造成多点接地，隔离措施应断开停电 TA 的二次回路连片，且不允许短接断口连片的保护侧回路，以防分流造成保护误动。 （2）在邻近位置工作时须保持足够距离，并采用绝缘材料保护裸露的二次电气部分以防误触碰。 （3）无论一次设备处于何种状态，边断路器 TA 的母差保护二次回路都不允许进行任何工作。 （4）TA 端子箱及接线盒应做风险标示。 （5）使用“二次回路安全技术措施单”，必要时拍照存证，以确保接线正确无误	

续表

工作内容	危险点	控制措施	依据
500kV 线路保护更换	保护屏失灵启动回路，安全稳定电流回路，远跳回路	（1）隔离与母差保护的失灵回路。 （2）隔离与安稳装置的二次回路。 （3）隔离与其他运行设备的二次回路。 （4）使用“二次回路安全技术措施单”，必要时拍照存证，以确保接线正确无误	
	母差保护屏、边断路器及中断路器保护屏失灵启动回路	失灵回路误接入的风险。 （1）隔离运行的设备间隔封贴端子排。 （2）封贴运行中的启动失灵压板。使用“二次回路安全技术措施单”，必要时拍照存证，以确保接线正确无误	
500kV 主变压器保护装置更换	500kV 侧断路器端子箱内二次回路	（1）单个中断路器或边断路器工作时，不应对其进行二次电流回路及 TA 二次侧的工作，必须工作时，使用绝缘工器具做好隔离措施：不得造成多点接地，隔离措施应断开停电 TA 的二次回路连片，且不允许短接断口连片的保护侧回路，以防分流造成保护误动。 （2）在邻近位置工作时须保持足够距离，并采用绝缘材料保护裸露的二次电气部分以防误触碰。 （3）无论一次设备处于何种状态，边断路器 TA 的母差保护二次回路都不允许进行任何工作。 （4）TA 端子箱及接线盒应做风险标示。 （5）使用“二次回路安全技术措施单”，必要时拍照存证，以确保接线正确无误	
	220kV 侧断路器端子箱内二次回路	（1）无论一次设备处于何种状态，TA 的母差保护二次回路都不允许进行任何工作。 （2）在邻近位置工作时须保持足够距离、采用绝缘材料保护裸露的二次电气部分以防误触碰。 （3）TA 端子箱及接线盒应做风险标示及封帖。 （4）使用“二次回路安全技术措施单”，必要时拍照存证，以确保接线正确无误	

续表

工作内容	危险点	控制措施	依据
500kV 主变压器保护装置更换	主变压器保护屏失灵启动回路，安稳电流回路，以及跳220kV 母联、分段断路器回路	（1）隔离与母差保护的失灵回路。 （2）隔离与安稳装置的二次回路。 （3）隔离与其他运行设备的二次回路。 （4）检查保护屏内是否有运行的设备和经主变压器保护屏转接的二次回路。 （5）使用“二次回路安全技术措施单”，必要时拍照存证，以确保接线正确无误	
	备自投跳合闸及相关开关量输入回路	注意退出联跳出口压板并封贴端子排，相关开关量输入回路接线应包扎好防止绝缘破坏及误通电压。使用“二次回路安全技术措施单”，必要时拍照存证，以确保接线正确无误	
	母差保护屏、边断路器及中断路器保护屏失灵启动回路	联跳主变压器断路器回路、失灵回路误接入的风险。 （1）隔离运行的设备间隔封贴端子排。 （2）封贴运行中的联跳出口压板。使用“二次回路安全技术措施单”，必要时拍照存证，以确保接线正确无误	
500kV 变电站 220kV 2012、2056 母联断路器操作箱改造	220kV 2012、2056 母联断路器保护屏至母差保护、备自投、主变压器保护等相关回路	（1）隔离与母差保护的失灵回路。 （2）隔离与备自投的二次回路。 （3）隔离与其他运行设备的二次回路。 （4）检查保护屏内是否有运行的设备和经主变保护屏转接的二次回路。 （5）使用“二次回路安全技术措施单”，必要时拍照存证，以确保接线正确无误	
	主变压器保护屏跳闸回路	联跳 220kV 2012、2056 母联断路器回路误接入的风险。措施：对出口回路和压板封贴，检查回路有电时禁止使用万用表电阻挡测试。使用“二次回路安全技术措施单”，必要时拍照存证，以确保接线正确无误	

续表

工作内容	危险点	控制措施	依据
500kV 变电站 220kV 2012、2056 母联断路器操作箱改造	备自投屏跳合闸及相关开关量输入回路	退出出口压板，解开相关开关量输入量回路接线并包扎好，回路有电时禁止使用万用表电阻挡测试，试验合格后方可接入。使用“二次回路安全技术措施单”，必要时拍照存证，以确保接线正确无误	
	母差屏跳闸及相关开关量输入回路	联跳 220kV 2012、2056 母联断路器回路、失灵回路误接入的风险。隔离运行的设备间隔。措施：对运行中出口、失灵回路和压板封贴，回路有电时禁止使用万用表电阻挡测试，试验合格后方可接入。使用“二次回路安全技术措施单”，必要时拍照存证，以确保接线正确无误	
500kV 变电站中调控制主站及子站稳控装置更换	控制主站及子站稳控装置屏 TA 回路端子排及出口跳闸回路	（1）解拆 TA 回路前用钳型电流表测量回路确无电流后才进行解线工作。 （2）恢复后核对 TA 电流正常。 （3）使用“二次回路安全技术措施单”，必要时拍照存证，以确保接线正确无误。 （4）注意退出联跳出口压板。 （5）核对定值防止误整定	
500kV 变电站行波测距装置加装	TA 二次回路上	（1）容易造成 TA 开路。措施：解拆 TA 回路前用钳型电流表测量回路确无电流后才进行解线工作。 （2）隔离其他绕组的 TA 二次回路，并做好封贴标示。 （3）恢复后核对 TA 电流正常。 （4）使用“二次回路安全技术措施单”，必要时拍照存证，以确保接线正确无误	
500kV 变电站总调安稳控制站装置更换	总调安稳控制站屏 TA 回路端子排及出口跳闸回路	（1）解拆 TA 回路前用钳型电流表测量回路确无电流后才进行解线工作。 （2）恢复后核对 TA 电流正常。 （3）使用“二次回路安全技术措施单”，必要时拍照存证，以确保接线正确无误。 （4）注意退出联跳出口压板。 （5）核对定值防止误整定	

续表

工作内容	危险点	控制措施	依据
220kV 变电站综自改造	1、2 号主变压器保护屏 220kV 母差屏失灵回路、主变压器保护联跳 220kV 母联、110kV 母联、220kV 旁路、110kV 旁路、110kV 分段断路器的二次回路	工作中存在误碰 220kV 母差屏失灵回路、主变压器保护联跳 220kV 母联、110kV 母联、220kV 旁路、110kV 旁路、110kV 分段断路器的二次回路。提前审核二次措施票，隔离与运行设备相连联的二次回路。使用“二次回路安全技术措施单”，必要时拍照存证，以确保接线正确无误	
	监控系统	进行遥控试验时误动运行中设备造成事故。防范措施：进行遥控试验时，必须有继电保护自动化人员就在现场监护。工作前，所有接入新的综自系统的设备把手必须切换至“就地”位置。初次控某个新对象时将新综自系统内所有已投入运行间隔的选控开关切换至“就地”。进行隔离开关遥控时，严禁实际带隔离开关进行传动，只能用万用表在隔离开关机构箱用通断档测量分合闸脉冲的方法进行试验。使用“二次回路安全技术措施单”，必要时拍照存证，以确保接线正确无误	
	110kV 母线保护屏失灵启动及跳闸回路	母差误动作，措施： （1）对出口回路和压板封贴，回路有电时禁止使用万用表电阻挡测试。 （2）对运行的 TA 回路封贴使用“二次回路安全技术措施单”，必要时拍照存证，以确保接线正确无误	
	电缆坑	（1）孔洞开挖施工前，施工单位要制定相应的防小动物具体措施，开挖每个孔洞均要设专人负责监督管理工作，负责人必须始终在施工现场。施工完毕，施工单位必须立即清理施工现场，并及时通知运行人员到场。运行人员按相关单位的质量标准，对孔洞封堵情况进行验收，确认合格并经双方签名后，方可结束工作票（单）；	

续表

工作内容	危险点	控制措施	依据
220kV 变电站综自改造	电缆坑	（2）如电缆不能一天内敷设完毕，应根据孔洞实际情况，用水泥砂浆或无机堵料进行临时封堵，经运行人员验收后，施工人员方可离场。 （3）使用“二次回路安全技术措施单”，必要时拍照存证，以确保接线正确无误	
	110kV 各条线路和旁路保护屏的运行与改造中设备同屏情况，废旧电缆	（1）220kV 变电站的 110kV 保护一般两个间隔组屏安装，如果安装某一间隔时已有另一间隔已投运，必须采取隔离措施，对端子排、压板、装置等进行标示封贴等。 （2）拆除废旧二次电缆时，两端必须确认完全退出运行；不能拆除的废旧二次电缆必须采取相应的处理措施； （3）使用“二次回路安全技术措施单”，必要时拍照存证，以确保接线正确无误	
220kV 变电站及 110kV 变电站加装稳定控制跳闸发信机	安稳装置屏跳闸出口回路	（1）对于带电运行中的回路 、压板要采取隔离措施，明确工作范围防止误解接线。 （2）核对定值防止误整定。 （3）注意退出联跳出口压板。 （4）使用“二次回路安全技术措施单”，必要时拍照存证，以确保接线正确无误	
	110kV 站的备自投屏跳闸出口回路	（1）按照实际填写“继电保护二次措施票”，设立专人监护，工作拆开的线头要与监护人核对并做好防止误接线。 （2）注意退出联跳出口压板并封贴。 （3）使用“二次回路安全技术措施单”，必要时拍照存证，以确保接线正确无误	
220kV 变电站更换稳控执行站	稳控执行站跳闸出口回路	（1）对于带电运行中的保护要采取隔离措施，重点是 TA 回路和跳闸回路，明确工作范围防止误拆接线。 （2）核对定值防止误整定	

续表

工作内容	危险点	控制措施	依据
220kV 变电站更换稳控执行站	稳控执行站跳闸出口回路	（3）注意退出联跳出口压板并发封贴。 （4）使用“二次回路安全技术措施单”，必要时拍照存证，以确保接线正确无误	
	TA 二次回路上	（1）容易造成 TA 开路。措施：解拆 TA 回路前用钳型电流表测量回路确无电流后才进行解线工作。 （2）隔离其他绕组的 TA 二次回路，并做好封贴标示。 （3）使用“二次回路安全技术措施单”，必要时拍照存证，以确保接线正确无误	
变电站蓄电池组更换	充电机屏蓄电池总输出电缆接头处	正确接好蓄电池的正、负极，防止极性接反造成不同极性并列	
	蓄电池组	（1）防止蓄电池组短路或直流系统接地，在装蓄电池连线时先核实蓄电池的正负极，再连线，在连接好每一根线都要核实好蓄电池的相间及对地的绝缘。蓄电池上禁止放钳子等金属工具。 （2）未经批准，禁止动火	
更换 10kV 500 分段备自投装置	10kV 500 分段备自投装置屏跳闸回路	误跳运行设备，措施：将投入运行的回路封贴	
	TA 二次回路上	（1）容易造成 TA 开路。措施：解拆 TA 回路前用钳型电流表测量回路确无电流后才进行解线工作。 （2）隔离其他绕组的 TA 二次回路，并做好封贴标示。 （3）使用“二次回路安全技术措施单”，必要时拍照存证，以确保接线正确无误	
220kV 变电站 220kV 母差保护装置改造	（1）各间隔的 TA 二次回路上	（1）改动过的 TA 二次回路，必须经测试六角图正确才能投入运行； （2）隔离其他 TA 二次回路，母差保护必须采用独立的 TA 二次绕组。做好各类标示提醒。	

续表

工作内容	危险点	控制措施	依据
220kV 变电站 220kV 母差保护装置改造	(1)各间隔的TA二次回路上	(3)使用“二次回路安全技术措施单”，必要时拍照存证，以确保接线正确无误	
	(2)220kV 母差保护屏前和屏后端子排处	(1)在母差保护屏处，将接入停电间隔的端子外的其他运行二次回路端子用封条封贴、在相关保护屏做风险标示。 (2)手工器具的外露金属部分进行绝缘包扎，不得触碰屏内各二次回路； (3)母差保护屏前运行间隔的压板进行封贴，投运前对压板接线柱进行绝缘包扎隔离、在相关保护屏做风险标示。 (4)拆除废旧二次电缆时，两端必须确认完全退出运行；不能拆除的废旧二次电缆必须采取相应的处理措施。 (5)使用“二次回路安全技术措施单”，必要时拍照存证，以确保接线正确无误	
220kV 变电站交流系统改造	交流电源屏、负荷屏	(1)停电后的交流电源屏、负荷屏底二次电缆必须确认已停电，拆除前电缆两端必须确认完全退出运行。 (2)不能拆除的废旧二次电缆必须采取相应的处理措施。 (3)对运行二次回路做好隔离或封贴措施、在相关保护屏做风险标示。 (4)拆除屏柜时要防止震动相邻屏柜，避免造成误碰误动。 (5)使用“二次回路安全技术措施单”，必要时拍照存证，以确保接线正确无误	
	交流负荷二次回路	(1)更换电源二次电缆时，必须做好隔离，核对电缆绝缘、线芯正确才能使用接入。 (2)拆除废旧二次电缆时，两端必须确认完全退出运行；不能拆除的废旧二次电缆必须采取相应的处理措施。 (3)使用“二次回路安全技术措施单”，必要时拍照存证，以确保接线正确无误	

续表

工作内容	危险点	控制措施	依据
220kV 变电站直流电源系统改造（充电屏、直流馈线屏更换）	直流充电屏、馈线屏、蓄电池室	（1）停电后的充电屏底二次电缆必须确认已停电，拆除前电缆两端必须确认完全退出运行。 （2）不能拆除的废旧二次电缆必须采取相应的处理措施。 （3）对运行二次回路做好隔离或封贴措施、在相关保护屏做风险标示。 （4）拆除屏柜时要防止震动相邻屏柜，避免造成误碰误动。 （5）严禁短接蓄电池的两极，避免电池爆炸。 （6）使用“二次回路安全技术措施单”，必要时拍照存证，以确保接线正确无误	
	直流负荷二次回路	（1）更换电源二次电缆时，必须做好隔离，核对电缆绝缘、线芯正确才能使用接入。 （2）带电接入时，并接的短接线接触必须牢固不松脱，且绝缘满足，极性确保正确，做好隔离标示和封贴。 （3）拆除废旧二次电缆时，两端必须确认完全退出运行；不能拆除的废旧二次电缆必须采取相应的处理措施	
220kV 变电站加装 220kV 备用电源自动投入装置	220kV 备用电源自动投入装置屏先后接入的设备回路	（1）做好已接入的运行间隔的隔离标示。 （2）对试验时需要解接的二次线做好包扎隔离	
	待接入备用电源自动投入装置的间隔	（1）做好本间隔启动 220kV 失灵保护回路的隔离。 （2）隔离标示母差保护的 TA 二次回路，确保 TA 二次回路的正确接入	
220kV 变电站 110kV 故障录波装置更换	（1）故障录波装置	（1）隔离已接入间隔，避免误触碰。 （2）送电带负荷后检查已接入间隔的模拟量采样是否正确。 （3）拆除二次电缆必须确认电缆测量完全退出并已停电	
	（2）各间隔 TA 二次回路上	（1）接入录波器绕组确保不开路，并保证极性正确，做好标示隔离。	

续表

工作内容	危险点	控制措施	依据
220kV 变电站 110kV 故障录波装置更换	（2）各间隔 TA 二次回路上	（2）隔离其他 TA 二次回路，特别是母差保护用的 TA 绕组。 （3）改动过的 TA 二次回路，必须经测试六角图正确才能投运。 （4）使用“二次回路安全技术措施单”，必要时拍照存证，以确保接线正确无误	
220kV 变电站 110kV 线路、110kV 旁路保护改造	（1）110kV 母差保护屏先后接入的设备回路	接入母差保护跳本间隔时，做好母差保护屏中的运行间隔的隔离，并核对电缆芯正确。使用“二次回路安全技术措施单”，必要时拍照存证，以确保接线正确无误	
	（2）安全稳定控制屏跳闸回路	接入安全稳定跳本间隔时，做好稳定控制屏中的运行间隔的隔离，并核对电缆芯正确	
	（3）直流馈线屏直流电源回路	（1）使用独立空气开关电源。 （2）接入相关电源回路时，做好隔离措施，不得造成运行中的直流电源失压。 （3）使用“二次回路安全技术措施单”，必要时拍照存证，以确保接线正确无误	
	（4）保护屏的运行与改造中设备同屏情况，废旧电缆	（1）220kV 变电站的 110kV 保护一般两个间隔组屏安装，如果安装某一间隔时已有另一间隔已投运，必须采取隔离措施，对端子排、压板、装置等进行标示封贴等。 （2）拆除废旧二次电缆时，两端必须确认完全退出运行；不能拆除的废旧二次电缆必须采取相应的处理措施。 （3）使用“二次回路安全技术措施单”，必要时拍照存证，以确保接线正确无误	
	（5）TA 二次回路上	（1）改动过的 TA 二次回路，必须经测试六角图正确才能投入运行。 （2）隔离其他 TA 二次回路，特别是母差保护用的 TA 绕组。 （3）使用“二次回路安全技术措施单”，必要时拍照存证，以确保接线正确无误	

续表

工作内容	危险点	控制措施	依据
主变压器本体套管TA二次电流回路（包括备用绕组）	造成套管TA二次开路	（1）作业前对非工作区域的电流回路及其端子排做好绝缘封闭隔离措施，预留开放工作对象及相关端子排区域。 （2）需要对套管TA二次断开时，应正确短接后断开连接片，并严格执行“二次回路安全技术措施单”进行详细记录并恢复	

表2-31　　控制电缆的运输、敷设工作

工作内容	危险点	控制措施	依据
控制电缆的运输、敷设工作	（1）人员误伤	（1）运输电缆时，应有防止电缆盘滚动的措施。 （2）敷设电缆时，电缆盘应架设牢固平稳，盘边缘距地。 （3）离地面不得小于100mm，电缆应从盘的上方引出。 （4）电缆通过孔洞、管子时，两端应有专人监护，入口侧应防止电缆被卡或手被挤伤，出口侧的人员不得在上面接引电缆。 （5）敷设电缆时，临时打开的隧道孔应设标志，完工后立即封闭	
	（2）误碰运行设备	（1）电缆穿入带电的盘内时，盘上必须有专人接引，严防电缆触及带电部位。 （2）敷设电缆应由专人指挥，统一行动，并有明确的联系信号，不得在无指挥信号时随意拉引	

表2-32　　带负荷测量电流、电压相量图

工作内容	危险点	控制措施	依据
带负荷测量电流、电压相量图	（1）电流互感器二次开路造成触电伤害	（1）不得将回路的永久接地点断开。 （2）短接二次绕组时，必须使用短路片或短路线，短路应可靠。 （3）严禁在电流互感器与端子之间的回路和导线上进行任何工作。 （4）工作时必须有专人监护，使用绝缘工具，并站在绝缘垫上	

续表

工作内容	危险点	控制措施	依据
带负荷测量电流、电压相量图	（2）保护误动	（1）带二次负荷试验前，与室内工作人员做好联系，防止二次回路通电伤人。 （2）带二次负荷试验前，应相关的保护是否根据要求退出出口压板。必要时工作前停用有关的保护装置。 （3）认真核对图纸，弄清各种保护、装置之间的关系，并应有防止联跳回路误动的措施	
	（3）误碰其他运行设备	明确工作任务、工作范围，将运行设备与检修设备严格分开，严防误碰、误触、误接线	
	（4）电压二次回路短路或接地造成TV失压	（1）电压二次回路短路或接地造成TV失压。 （2）母线TV二次回路带电运行中，测量时做好监护工作，严禁造成电压二次回路短路或接地。 （3）工作时必须有专人监护，使用绝缘工具，并站在绝缘垫上。 （4）不得将回路的永久接地点断开	

第三节　缺陷处理二次回路作业风险库

当运行中的继电保护及二次回路出现缺陷时，必须进行缺陷处理，为了保证缺陷处理时的安全，采用缺陷处理作业指导书的同时，还需进行作业危险点分析并制定相应的控制措施，建立缺陷处理二次回路作业风险库，具体如表2-33～表2-37所示。

表2-33　　　　更换收发信机插件工作

工作内容	危险点	控制措施	依据
更换收发信机插件工作	（1）走错间隔，造成误拆线	工作负责人做好监护工作，工作负责人向工作班成员宣读工作票，交代现场安全措施、带电部位和工作危险点及其控制措施	
	（2）工作时造成保护误动	要退出相应的保护，拆线前，工作负责人要必须做好标记和保护措施	

表 2-34　直流接地检查

工作内容	危险点	控制措施	依据
直流接地检查	（1）引起保护误动	（1）拉合保护电源时应退出保护出口压板。 （2）禁止使用灯泡寻找的方法	
	（2）引起保护电源消失	防止造成另一电极接地	

表 2-35　断路器操动机构箱二次回路维护

工作内容	危险点	控制措施	依据
断路器操动机构箱二次回路维护	（1）机械伤害	（1）工作前应退出控制及合闸电源。 （2）工作前应将断路器能量释放。 （3）工作前应将“远方/就地”切换至“就地”位置	
	（2）造成直流接地或烧坏跳合闸线圈	（1）投入控制及合闸电源前应摇回路绝缘。 （2）断路器远方试分合前应就地分合正确。 （3）将“远方/就地”切换至“远方”位置，远方试分合	

表 2-36　测控一体化通信管理机工作

工作内容	危险点	控制措施	依据
测控一体化通信管理机工作检	清理通信管理机中的缓冲区时误将通信管理机（ISA-301A）中的通信信息表删除	（1）核对通信管理机中的各相功能说明。 （2）必要时填写“继电保护二次措施单”; （3）在专人监护的情况下，执行“继电保护二次措施单”的“唱票”手续，确认无误后，只能删除通信管理菜单13 项-清缓冲区	

表 2-37　断路器机构缺陷处理

工作内容	危险点	控制措施	依据
断路器机构缺陷处理	防止触电及机械伤害	（1）注意工作前拉开控制和合闸电源。 （2）工作前应将断路器能量释放	

第四节　一次设备试验的二次回路作业风险库

在与二次设备及回路相连接的一次设备上工作时，要特别注意对二次设备及回路造成的影响，做好作业危险点分析并制定相应的控制措施，建立一次设备试验的二次回路作业风险库，具体如表 2-38～表 2-43 所示。

表 2-38　　一 次 升 流

工作内容	危险点	控制措施	依据
一次升流	高压触电	拆除接地线时应通知运行操作人员，由操作人员拆除接地线，工作完毕应恢复原状态	

表 2-39　　一次通电流、电压试验

工作内容	危险点	控制措施	依据
一次通电流、电压试验	（1）人身触电	（1）继电保护装置做传动试验或一次通电时，应通知值班员和有关人员，并由工作负责人或由他派人到现场监视方可进行。 （2）二次回路通电试验前，应通知值班员和有关人员，并派人到现场看守，检查回路上确实无人工作方可加压。电压互感器的二次回路通电试验时，为防止由二次侧向一次侧反送电，除应将二次回路断开外，还应取下一次侧熔断器或断开隔离开关	
	（2）高空摔跌	（1）试验时，需攀登一次设备接线工作，应在有经验的第二人监护下进行。 （2）攀登一次设备应戴好安全帽，系好安全带	
	（3）保护误动	进行一次通流试验时，应有防止母差保护、安全稳定装置误动的安全措施	

表 2-40　　高频保护加工设备试验

工作内容	危险点	控制措施	依据
高频保护加工设备试验	(1)高压触电	拆装结合设备前，应由运行人员将接地隔离开关合上	
	(2)低压触电	(1)工作人员之间做好配合，拉、合电源开关时发出相应的口令。 (2)使用完整合格的安全开关，装合适的熔丝。 (3)接、拆电源必须在电源开关拉开的情况下进行	

表 2-41　　一次设备更换后电气试验

工作内容	危险点	控制措施	依据
一次设备更换后电气试验	(1)高压触电	(1)查清确无能向新更换的一次设备突然送电的各方面电源，并装设接地线，使工作人员在可靠的保护范围内工作。 (2)更换的设备周围装设临时遮栏并悬挂标示牌，工作人员不准穿越遮栏	《电业安全工作规程》(发电厂和变电所电气部分)第227条
	(2)高空摔跌	(1)攀登一次设备前应认清设备名称和编号并在有经验的人监护下进行。 (2)攀登一次设备应戴好安全帽并系好安全带	
	(3)低压触电	(1)所有与更换一次设备有关的工作组间和工作组内人员之间做好配合，拉、合电源开关应发出相应的口令。 (2)使用完整合格的安全空气开关，装适当的熔丝。 (3)接、拆试验电源时均应在电源开关断开的情况下进行	

表 2-42　　二次回路通电耐压及保护操作试验

工作内容	危险点	控制措施	依据
二次回路通电耐压及保护操作试验	(1)人身触电	(1)继电保护装置做传动试验或一次通电时，应通知值班员和有关人员，并由工作负责人或由其他派人到现场监视方可进行。 (2)二次回路通电耐压试验前，应通知值班员和有关人员，并派人到现	《电业安全工作规程》(发电厂和变电所电气部分)第219、223条

续表

工作内容	危险点	控制措施	依据
二次回路通电耐压及保护操作试验	(1)人身触电	场看守检查回路上确实无人工作方可加压。电压互感器的二次回路通电试验时，为防止由二次侧向一次反送电，除应将二次回路断开外，还应取下一次保险或断开隔离开关	《电业安全工作规程》(发电厂和变电所电气部分)第219、223条
	(2)高空摔跌	(1)攀登一次设备前应认清设备名称和编号并在有经验的人监护下进行。 (2)攀登一次设备应戴好安全帽并系好安全带	

表 2-43　　　　　　　　　　气体继电器传动

工作内容	危险点	控制措施	依据
气体传动	(1)登高时坠落。 (2)忘记恢复气体继电器防雨措施。 (3)气体继电器入水	(1)做好监护工作，做好登高防坠落措施。 (2)做好监护工作。 (3)工作结束前应全面清理现场、对现场进行全面检查。 (4)检查气体继电器的电缆入口是否密封	

第五节　直流设备的二次回路作业风险库

直流系统为变电站控制、信号、继电保护、自动装置等提供可靠的直流电源。其对变电站的安全运行起着至关重要的作用，所以在直流设备二次回路上作业时，必须做好作业危险点分析并制定相应的控制措施，建立直流设备二次回路作业风险库，具体如表2-44～表2-50所示。

表 2-44　　　　　　　　　　更 换 蓄 电 池

工作内容	危险点	控制措施	依据
更换蓄电池	(1)蓄电池短路或直流系统接地	(1)检修工具采用绝缘材料包扎，使用前应检查工具的绝缘完好情况；	

续表

工作内容	危险点	控制措施	依据
更换蓄电池	（1）蓄电池短路或直流系统接地	（2）做好带电部分与检修部分的分隔警示措施； （3）认真执行监护制度	
	（2）蓄电池开路	（1）工作完毕后检查每只电池的连接片是否紧固； （2）检查电池组电压和充电电流，以此判断电池组是否开路； （3）备用电池的连线应可靠固定，并做好防护措施，防止连线脱落开路； （4）认真执行监护制度	

表 2-45　绝缘检测装置的定检

工作内容	危险点	控制措施	依据
绝缘检测装置的定检	防止造成继保装置动作	（1）先用电压表计检查直流系统正、负对地绝缘情况，禁止在系统存在绝缘过低的情况下进行该项试验； （2）对于存在间歇性接地的系统，原因未查明，故障未消除前，不允许进行该项试验； （3）不能作直接接地的试验； （4）只允许利用负极接入对地电阻试验； （5）认真执行监护制度	

表 2-46　更换熔断器

工作内容	危险点	控制措施	依据
更换熔断器	直流系统短路	（1）分析熔断器熔断的原因，消除故障后再更换； （2）按熔断器的整定值更换同规格的产品； （3）熔断器间用绝缘挡板隔开，防止误碰短路； （4）使用专用工具操作； （5）做好现场监护	

表 2-47　　新电池组更换

工作内容	危险点	控制措施	依据
新电池组更换	（1）蓄电池组短路或直流系统接地	（1）检修工具采用绝缘材料包扎，使用前应检查工具的绝缘完好情况； （2）接入电池前核对电池和充电机极性； （3）做好带电部分与检修部分的分隔警示措施； （4）较长的连接软线的两端应即时固定； （5）认真执行监护制度；	
	（2）蓄电池组开路	（1）工作完毕后检查每只电池的连接片是否紧固； （2）新电池组投入运行后检查电池组电压和充电电流，以此判断电池组是否开路； （3）备用电池组与直流充电装置的连线应可靠固定，并做好防护措施，防止连线脱落开路； （4）认真执行监护制度	

表 2-48　　蓄电池核容试验

工作内容	危险点	控制措施	依据
蓄电池核容试验	直流失压	（1）认真核对图纸和现场设备； （2）检查蓄电池组和充电机的运行方式，是否满足正常负荷和系统安全要求； （3）对于重要的开关，在切换操作后应检查开关触点是否接通； （4）每操作都应有专人监视直流系统运行参数	

表 2-49　　处理蓄电池连片腐蚀

工作内容	危险点	控制措施	依据
处理蓄电池连片腐蚀	（1）电池组开路	（1）工作完毕后检查每只电池的连接片是否紧固； （2）检查电池组电压和充电电流，以此判断电池组是否开路； （3）备用电池的连线应可靠固定，并做好防护措施，防止连线脱落开路； （4）认真执行监护制度	

续表

工作内容	危险点	控制措施	依据
处理蓄电池连片腐蚀	（2）电池短路或接地	（1）检修工具采用绝缘材料包扎，使用前应检查工具的绝缘完好情况；（2）做好带电部分与检修部分的分隔警示措施；（3）认真执行监护制度	

表 2-50　　一般直流设备维护

工作内容	危险点	控制措施	依据
一般直流设备维护	安全防护措施不足	（1）坚持班前会制度；（2）做好危险点分析；（3）采取可靠的安全措施，并监督措施的落实；（4）做好现场注意事项讲解	

第六节　其他的二次回路作业风险库

在变电站的其他二次回路及场所工作，同样存有安全风险，必须做好作业危险点分析并制定相应的控制措施，建立其他的二次回路作业风险库，具体如表 2-51～表 2-54 所示。

表 2-51　　在带自动灭火装置间工作

工作内容	危险点	控制措施	依据
在带自动灭火装置间工作	自动灭火装置误动造成人员窒息	在带有自动灭火装置间工作时，要在工作票中要求运行人员将相应的灭火装置停用	

表 2-52　　高压场及高压室工作

工作内容	危险点	控制措施	依据
高压场及高压室工作	（1）误入带电间隔造成触电伤害	（1）工作负责人向工作人员宣读工作票，交代停电、带电范围、工作任务、安全注意事项、危险点及控制措施，并进行提问，防止走错间隔。（2）工作负责人要做好作业全过程的监护，随时纠正试验人员的错误动作。	《电业安全工作规程》（发电厂和变电所电气部分）第 54、56 条

续表

工作内容	危险点	控制措施	依据
高压场及高压室工作	（1）误入带电间隔造成触电伤害	（3）根据试验需要增设专人监护。 （4）作业人员做到互相监护和提醒	《电业安全工作规程》（发电厂和变电所电气部分）第54、56条
	（2）高处坠落	（1）登变压器及互感器前应检查梯子是否牢固，使用梯子应有人扶持或绑牢。 （2）在变压器和互感器上选好位置，按要求系好安全带，戴好安全帽	《电业安全工作规程》（发电厂和变电所电气部分）第268条
	（3）高处落物伤人	（1）作业人员必须戴好安全帽。 （2）高空作业人员所用工具及材料应使用手绳传递，严禁上下抛掷	《电业安全工作规程》（热力和机械部分）第587条
	（4）低压电源触电伤害	在接试验电源时，应戴低压绝缘手套，试验用的隔离开关应使用有明显断开点的双极隔离开关，隔离开关应有绝缘罩	《电业安全工作规程》（发电厂和变电所电气部分）第225条
	（5）被试设备突然来电造成触电伤害	（1）试验前应断开被试设备的所有断路器、隔离开关和电压互感器的一、二次熔丝。 （2）在被试设备的两端及可能送电到被试设备的各方面验电、装设接地线	《电业安全工作规程》（发电厂和变电所电气部分）第68、74条
	（6）与带电设备距离近造成触电伤害	作业人员与带电设备的安全距离不应小于规程规定	

表 2-53　　搬运物品或放置试验设备

工作内容	危险点	控制措施	依据
搬运物品或放置试验设备	（1）人身触电。 （2）误碰其他运行设备	（1）在高压设备区内搬运物件，与带电设备要保持安全距离。 （2）长大物件要放倒搬运，并有人监护	《电业安全工作规程》（发电厂和变电所电气部分）第12、226条

续表

工作内容	危险点	控制措施	依据
搬运物品或放置试验设备	（3）误碰运行设备	在继电保护屏间通道上搬运安放试验设备时，要与运行设备保持一定的距离，并要尽量减少震动防止误碰运行设备造成保护误动作	

表 2-54　　使用电动工具

工作内容	危险点	控制措施	依据
使用电动工具	（1）人身触电	（1）不熟悉电气工具和使用方法的人员不准擅自使用。 （2）使用电钻等电动工具时必须戴绝缘手套，并接有触电保护器。 （3）使用电气工具不准提着电气工具的导线或转动部分，在梯子上使用电动工具时应做好防止出店坠落的措施	《电业安全工作规程》（热力和机械部分）第 54、55、56 条
	（2）机械伤害	（1）砂轮机必须进行定期检查，应无裂纹及其他不良情况，必须有钢板制成的防护罩，其强度应保证当砂轮碎裂时挡住碎片，禁止使用没有防护的砂轮，使用砂轮研磨时应戴好防护眼镜，用砂轮磨工件时应使火花向下，不准用砂轮侧面研磨，无齿锯应符合上述规定，使用人应站在锯片的侧面，锯片应缓慢靠近物件，不准用力过猛。 （2）使用手电钻时必须把钻眼物体安放牢固后才可开始工作，清除钻孔内的金属屑时必须先停止钻头的转动，不准用手直接清除金属屑。 （3）使用压杆电钻时压杆与电钻垂直，如压杆一端在固定体中，压杆的固定点必须十分牢固	《电业安全工作规程》（热力和机械部分）第 54、55、56 条
	（3）机械振动造成保护误动	在保护盘上或附近进行打眼等振动较大的工作时，应采取防止运行中设备误动的措施，必要时经值班调度员或值班负责人同意，将保护暂时停用	《电业安全工作规程》（发电厂和变电所电气部分）第 217 条

第三章

二次安全措施管理

为了规范电力系统二次设备及回路工作安全技术措施，防范现场作业造成人身、电网或设备事故事件，提升现场作业安全管控能力，基于作业风险管控核心和作业风险库，制定二次作业安全措施管内容与要求，落实作业风险防控措施的全过程管控。

第一节　二次安全技术措施的有关设备回路及实施过程

（1）一次设备。直接用于生产、输送和分配电能的生产过程的高压电气设备，包括发电机、电力变压器、断路器、隔离开关、母线、电力电缆和输电线路等。

（2）继电保护及安全自动装置二次回路。实现继电保护、安全自动装置采样、控制、监视、通信等功能的电源、电流、电压、开关量输入、开关量输出、通信等回路或通道。以下简称“二次回路”。

（3）保护压板。装设于屏柜面板上用于断开或连接二次回路的连接元件。一般指保护功能压板、出口压板、闭锁压板等。如图 3-1、图 3-2 所示。

（4）作业前安全措施。在工作许可后、开工前，由工作负责人组织实施的保证作业全程安全的二次安全措施。

（5）过程安全措施。在开工后、相应过程作业开始前，由于工作需要须临时新增或改变并由工作负责人组织实施的二次安全措施。

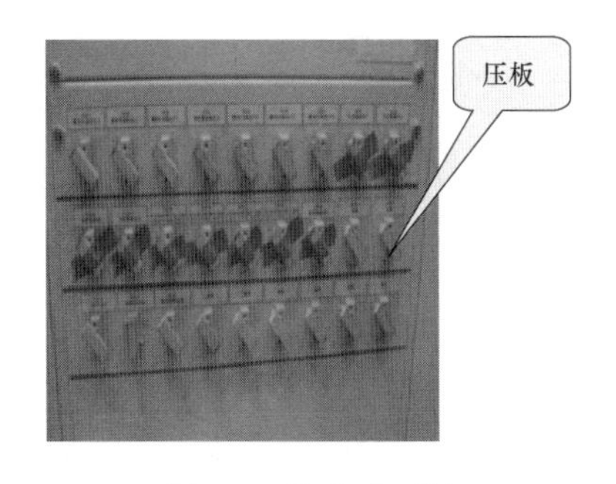

图 3-1　抽拔式压板

图 3-2　旋转拧紧式压板

（6）端子连接片。装设于端子排上用于断开或连接二次回路的连接元件。一般指二次电压回路端子连接片、二次电流回路端子连接片等。如图 3-3 所示。

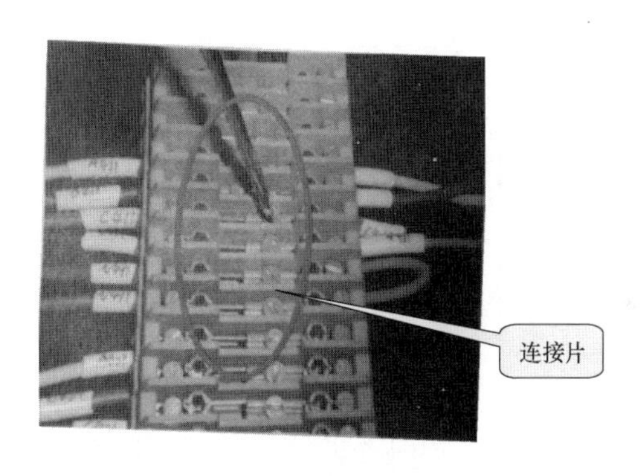

图 3-3　端子排连接片

（7）继电保护和安全自动装置及其二次回路工作安全技术措施。在继电保护、安全自动装置及其二次回路上或相关一次设备上工作时，为防范人身、电网或设备安全事故事件应采取的隔离措施，如二次回路断开、短接、接地、拆除、接入、绝缘密封等技术措施。以下简称“二次安全措施”。

（8）厂站二次设备及回路工作安全技术措施单。为确保工作票所列安全措施以外的二次设备及回路工作安全技术措施规范、有效地落实的书面记录，是工作票的必要补充。以下简称“二次措施单”。

（单位名称）厂站二次设备及回路工作安全技术措施单

措施单编号：

<table>
<tr><td colspan="2">工作票编号</td><td colspan="6"></td></tr>
<tr><td>序号</td><td>执行</td><td>时间</td><td colspan="3">安全技术措施内容</td><td>恢复</td><td>时间</td></tr>
<tr><td></td><td></td><td></td><td colspan="3"></td><td></td><td></td></tr>
<tr><td></td><td></td><td></td><td colspan="3"></td><td></td><td></td></tr>
<tr><td></td><td></td><td></td><td colspan="3"></td><td></td><td></td></tr>
<tr><td></td><td></td><td></td><td colspan="3"></td><td></td><td></td></tr>
<tr><td></td><td></td><td></td><td colspan="3"></td><td></td><td></td></tr>
<tr><td></td><td></td><td></td><td colspan="3"></td><td></td><td></td></tr>
<tr><td></td><td></td><td></td><td colspan="3"></td><td></td><td></td></tr>
<tr><td></td><td></td><td></td><td colspan="3"></td><td></td><td></td></tr>
<tr><td></td><td></td><td></td><td colspan="3"></td><td></td><td></td></tr>
<tr><td></td><td></td><td></td><td colspan="3"></td><td></td><td></td></tr>
<tr><td colspan="2" rowspan="2">工作负责人
（审批人）</td><td rowspan="2"></td><td>执行人</td><td></td><td>监护人</td><td colspan="2"></td></tr>
<tr><td>恢复人</td><td></td><td>监护人</td><td colspan="2"></td></tr>
<tr><td colspan="8">备注：</td></tr>
</table>

说明：安全技术措施应按照工作顺序填写。已执行，在执行栏打“√”，已恢复，在恢复栏打“√”，并在对应的时间栏填写执行和恢复的具体时间，不需恢复的，在恢复栏打“o”。

（9）物理隔离。使二次回路有明显断开点或可判断的断开点，不存在电气或通信连接的可能。

（10）密封。通过绝缘胶布或专用工具，对工作中不允许触碰或改变状态的端子、压板、空气开关、把手、装置、元器件等进行包封、隔离。

（11）跨专业作业。是指在各专业设备交界面上的作业，由于人员、设备、环境等因素衍生出大量的作业风险。其中风险最大的就是在继电保护、安全自动化专业与其他专业之间设备分界点上进行的使邻近二次设备及回路暴露于作业环境中的作业。

（12）二次设备及回路工作安全技术措施实施过程如图 3-4 所示。

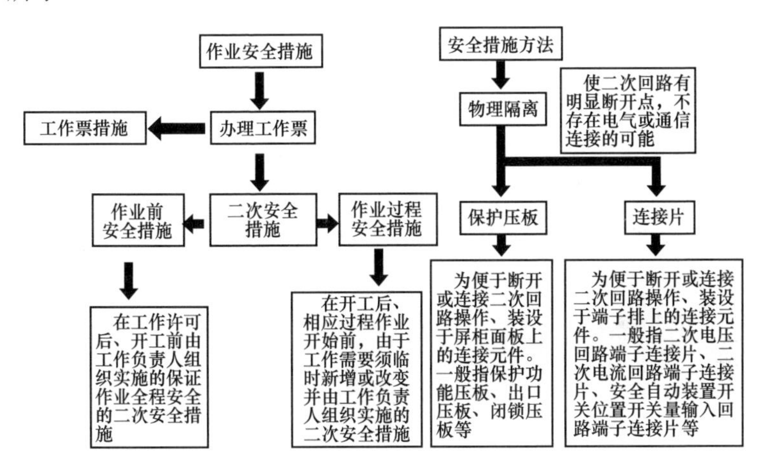

图 3-4　二次设备及回路工作安全技术措施实施过程图

第二节　二次安全措施管理内容与要求

一、总体要求

在继电保护、安全自动装置及其二次回路或相关一次设备工作时，工作负责人或其指定的工作班成员应根据工作内容、工作地点、一次设备停电范围、二次设备运行状态、二次回路设计等实际因素，充分评估工作过程对相关联二次设备或回路的影响，必要时应制定二次安全措施。

针对跨专业作业点多面广、风险隐蔽的特点，应建立“全方位辨识风险、提出控制措施并完善作业标准、重点风险会商、现场识别风险、落实措施”的全过程闭环管控机制。

二、工作票及二次措施单安全措施内容

二次安全措施应在工作票及其二次措施单中体现，具体要求如图 3-5 所示。

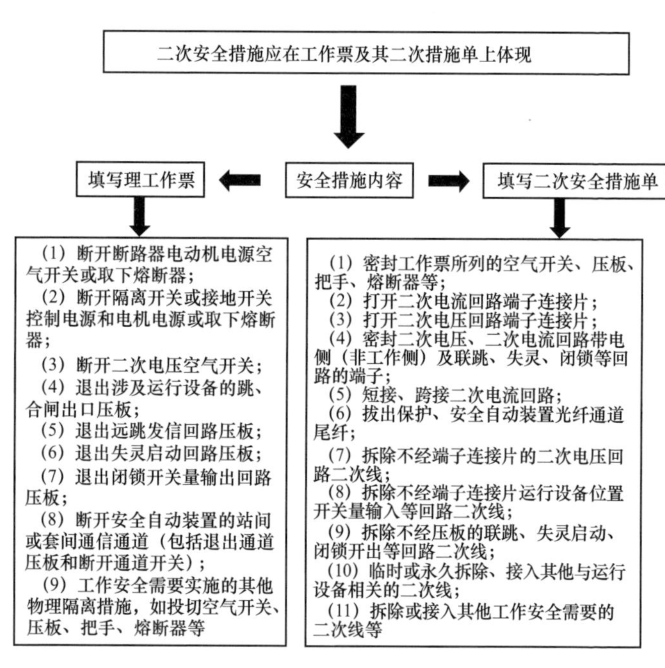

图 3-5　工作票及二次措施单安全措施填写内容

三、工作票的二次安全措施管理

工作票的二次安全措施管理要求如图 3-6 所示。

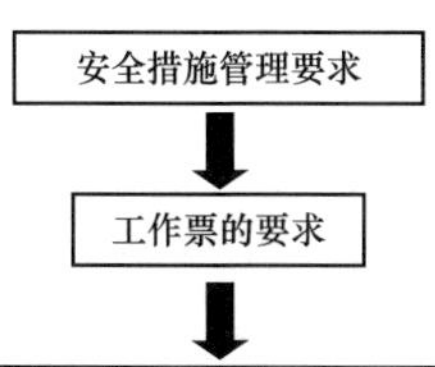

图 3-6　工作票的二次安全措施管理要求

四、二次措施单的二次安全措施管理

二次措施单的二次安全措施管理要求如图 3-7 所示。

五、二次措施单落实注意事项

（1）实施二次安全措施前，工作负责人应组织记录工作设备初始状态，主要包括空气开关、压板、切换把手、定值区、地址码等元器件或参数的初始状态。工作结束后，工作负责人应检查确认工作设备恢复至初始状态。

（2）执行二次安全措施时，二次回路断开点不宜设置过多，防止安全措施设置过度造成漏恢复。

例如：220kV 双重化保护更改定值时，是否需要退出“三跳启动失灵”压板，如图 3-8 所示。

220kV 双重化保护更改定值时，应办理工作票，在工作票中填写应退出的有关压板，两套保护轮流进行定值更改，但“三跳启动失灵”4LP1 压板不应退出，因为当在更改定值时，本线路发生故障且本线路断路器拒动时，如果退出“三跳启动失灵”4LP1

压板，将造成“三跳启动失灵”失败而引起设备的烧毁或系统的不稳定。

（3）执行二次电流回路安全措施。

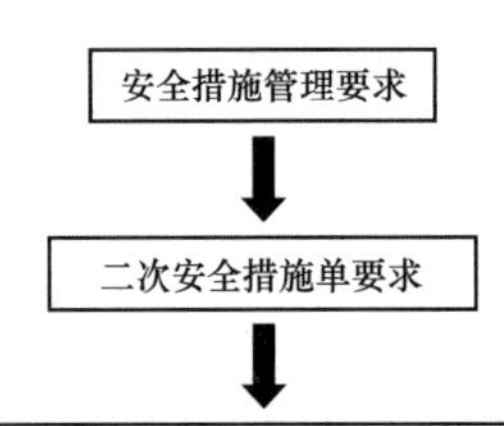

(1) 根据工作安全需要和实际二次回路设计情况，由工作负责人或其指定的工作班成员依据与现场一致的图纸或经现场勘查后填写二次措施单，工作负责人审批其内容，对其完备性和正确性负责。对于修理、技改、扩建等工程，由施工单位工作负责人组织填写二次措施单，并会同业主单位运维班组人员进行现场核对，施工单位工作负责人和业主单位运维班组现场核对人员共同对其完备性和正确性负责。

(2) 二次措施单由工作负责人组织现场实施。现场实施要求；

1）二次措施单所列二次安全措施，原则上应作业前执行完毕。二次安全措施应在工作许可和经现场核实正确后，由工作负责人组织工作班成员实施；实施过程中，由工作负责人或指定监护人监护；安全措施全部实施后，作业前应由工作负责人确认二次安全措施的执行情况。

2）由施工单位工作负责人组织实施的二次安全措施，应在业主单位运维班组人员的见证下依据二次措施单执行。业主单位运维班组见证人应在二次措施单备注栏签名。

3）二次措施单中的工作票号、措施单编号、地点、负责人签名、监护人签名、执行人签名、恢复人签名、时间、序号等项目不得空缺，保持页面整洁。

(3) 工作过程中，工作班成员不得擅自变更安全措施；若工作确实需要，必须征得工作负责人同意，在工作负责人或指定监护人的监护下进行变更，并在二次措施单上记录变更情况。对于修理、技改、扩建等外委工程，施工过程改变的二次安全措施须经业主单位运维班组见证人员现场确认，并应在二次措施单中修改及记录。

(4) 工作间断时，工作班全体人员应从工作现场全部撤出，所有安全措施保存不动，工作负责人继续保存所持二次措施单。若属多天工作，每天工作间断时，工作负责人将所持二次措施单随工作票交回运行人员。复工前，工作负责人应经运行人员同意并取回工作票和二次措施单，重新检查、确认安全措施正确完备后才可工作。

(5) 工作结束后，由工作负责人或指定监护人监护工作班成员恢复二次措施单上的安全措施；工作负责人应对照二次措施单，逐一检查恢复情况，对变动的端子连接片、二次线进行紧固检查，确保相关二次措施已恢复。由施工单位工作负责人组织实施的二次安全措施，应在业主单位运维班组人员的见证下依据二次措施单恢复。

(6) 二次措施单作为工作票的必要补充，随工作票一式两份，由工作许可人和工作负责人各保存一份。

图 3-7　二次措施单的二次安全措施管理要求

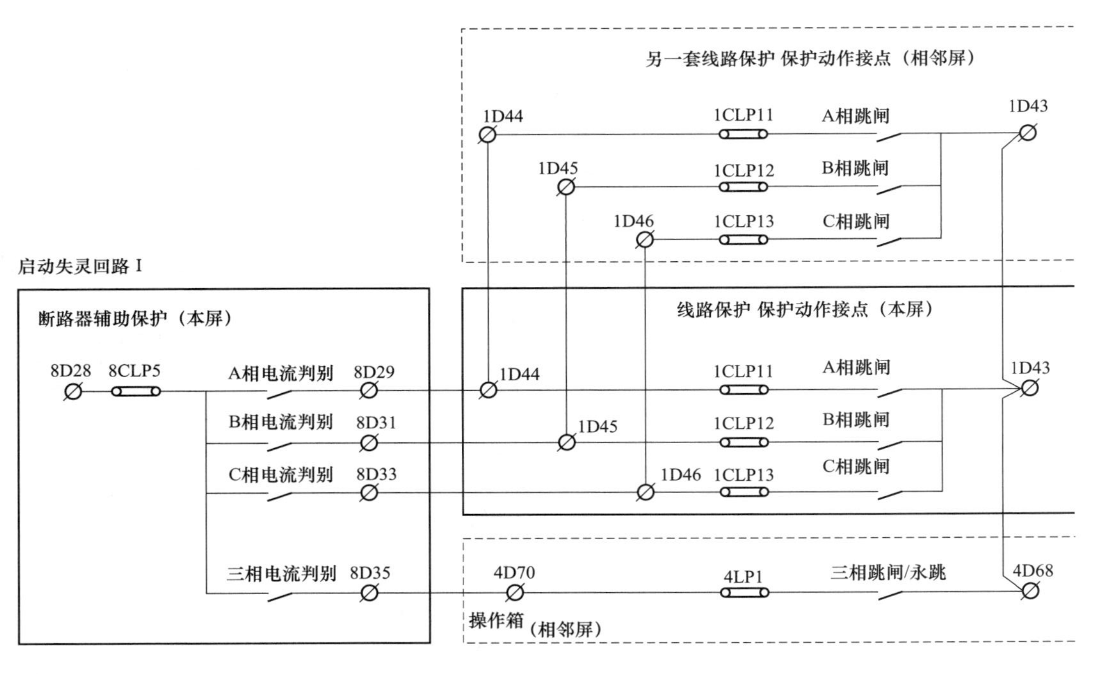

另一套线路保护 保护动作接点（相邻屏）
1D44
1CLP11
A相跳闸
1D43
1D45
1CLP12
B相跳闸
1D46
1CLP13
C相跳闸
启动失灵回路 I
断路器辅助保护（本屏）
线路保护 保护动作接点（本屏）
8D28
8CLP5
A相电流判别
8D29
1D44
1CLP11
A相跳闸
1D43
B相电流判别
8D31
1D45
1CLP12
B相跳闸
C相电流判别
8D33
1D46
1CLP13
C相跳闸
三相电流判别
8D35
4D70
4LP1
三相跳闸/永跳
4D68
操作箱
(相邻屏)

图 3-8　失灵启动回路图

1）制定二次电流回路安全措施时，应先明确 TA 回路是否带电、TA 回路是否有和电流、TA 回路是否串接运行设备、TA 回路接地点位置”等回路情况，辨识能不能断、在哪里断、在哪里短、在哪里密封、先短后断、先断后短还是只断不短等风险，确保二次安全措施正确、完备。

2）工作负责人应结合现场实际情况，考虑以下安全措施，并特别注意二次安全措施的实施顺序，防止运行电流回路开路、分流、多点接地、失去接地点、误加入试验电流：

①断路器 TA 邻近位置或其二次回路临近位置工作时须采用绝缘材料保护裸露的二次电气部分（包括 TA 接线柱或其二次回路其他裸露部分），以防发生运行电流回路分流或者多点接地，如图 3-9、图 3-10 所示。

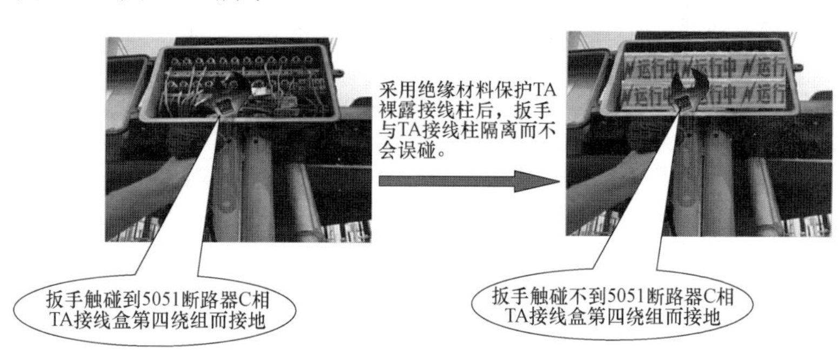
采用绝缘材料保护TA裸露接线柱后，扳手与TA接线柱隔离而不会误碰。
扳手触碰到5051断路器C相TA接线盒第四绕组而接地
扳手触碰不到5051断路器C相TA接线盒第四绕组而接地

图 3-9　TA 接线柱绝缘封闭隔离

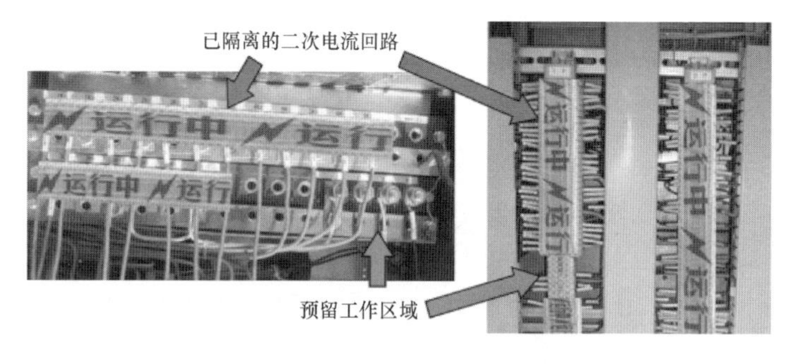
已隔离的二次电流回路
预留工作区域

图 3-10　TA 二次回路其他裸露部分绝缘封闭隔离

完成措施步骤：不管一次间隔设备停不停电→靠近断路器 TA 位置或其二次回路位置工作→采用绝缘材料保护裸露的二次电气部分（包括 TA 接线柱或其二次回路其他裸露部分）。

②单一间隔设备停电，且工作设备（如线路、主变压器保护定检或消缺）二次电流回路无串接或并接其他设备时，打开工作设备所在屏柜上的相应二次电流回路连接片，并用绝缘胶布封 TA 侧，如图 3-11 所示。

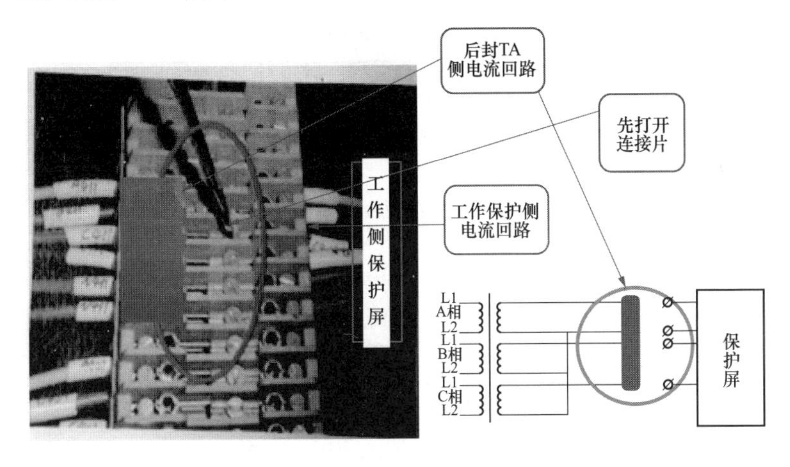

图 3-11　设备停电二次安全措施图

完成措施步骤：一次间隔设备停电→打开电流二次回路连接片→封 TA 侧回路。

③单一间隔设备停电，且工作设备（如线路、主变压器保护定检或消缺）二次电流回路有串接其他运行设备时（如：串接稳定控制、备用电源自动投入、故障录波等运行装置），为防止作业过程中误将试验量加入二次电流回路中，造成其他运行设备误动。应打开工作设备所在屏柜上的二次电流输入、输出回路连接片，短接二次电流输出回路装置侧端子，并用绝缘胶布密封非工作侧电流端子，如图 3-12、图 3-13 所示。

完成措施步骤：一次间隔设备停电→打开工作设备二次电流输

入、输出回路连接片→短接二次电流输出回路装置侧端子→用绝缘胶布密封非工作侧电流端子。

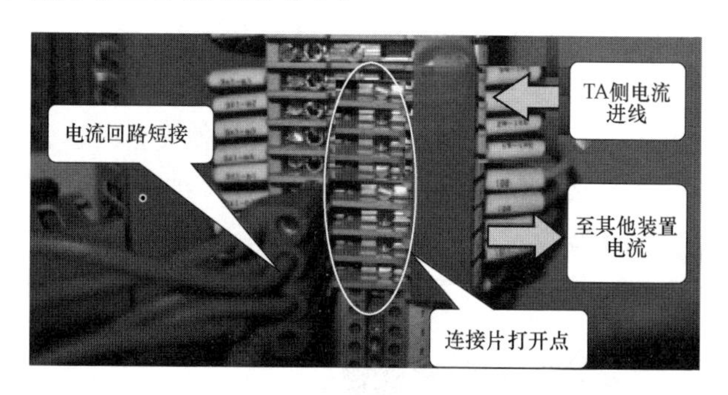

图 3-12　工作设备端子排绝缘隔离措施

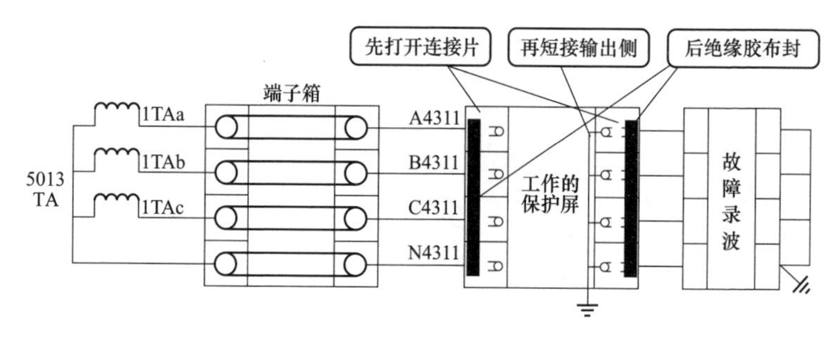

图 3-13　工作设备电流二次回路展开图

④单一间隔设备不停电，且工作设备二次电流回路有串接其他运行设备时，在二次电流输入、输出端子外侧将同一相别分别进行跨接，通过使用钳形电流表和查看装置电流采样确认电流确已可靠短接后，打开工作设备所在屏柜上的二次电流输入、输出回路连接片，短接二次电流输出回路装置侧端子，如图 3-14 所示。

完成措施步骤：一次间隔设备不停电→在二次电流输入、输出端子外侧将同一相别分别进行短接→用钳形电流表和查看装置电流采样确认电流确已可靠短接后→打开工作设备所在屏柜上的二次电流输入、输出回路连接片，并短接二次电流输出回路装置侧端子。

⑤单一间隔设备不停电，电流回路上作业需断开运行中的电

流回路时（如母差、安全稳定控制、备用电源自动投入、故障录

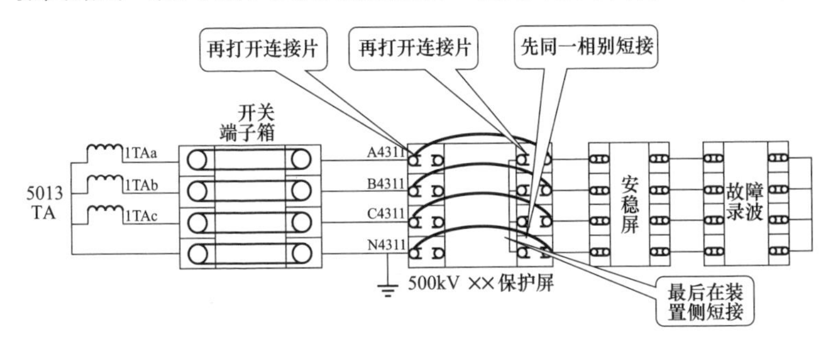

图 3-14　设备不停电二次跨接安全措施图

波等定期检验或消缺），断开前使用专用短接片或短接线对 TA 回路进行正确短接，通过钳形电流表和查看装置电流采样确保短接正确可靠后再实施打开连接片，并用绝缘胶布密封非工作区域端子，如图 3-15、图 3-16 所示。

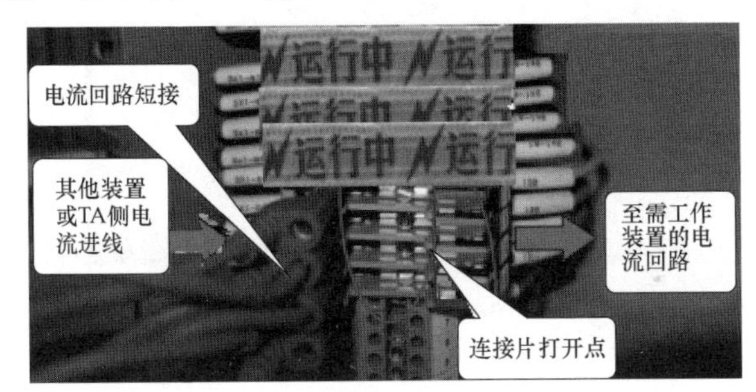

图 3-15　工作设备端子排安全措施图

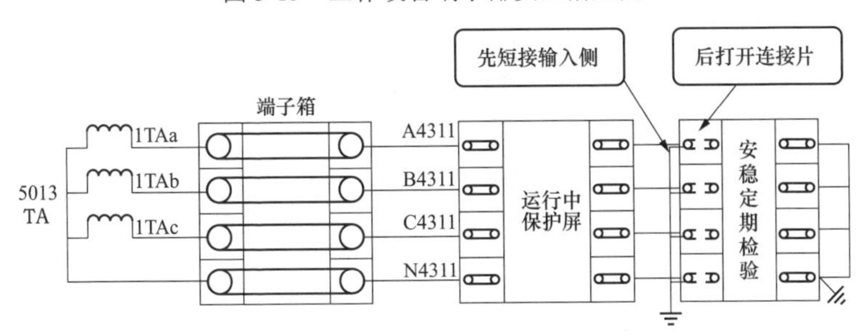

图 3-16　工作设备电流二次回路展开图

完成措施步骤：一次间隔设备不停电→作业需临时打开运行中的电流回路，断开前使用专用短接片或短接线对工作设备所在屏柜上的二次电流输入回路 TA 侧进行正确短接→用钳形电流表和查看工作装置电流采样确认电流确已可靠短接后→打开工作设备所在屏柜上的二次电流输入回路连接片→用绝缘胶布密封非工作区域端子。

⑥电流互感器进行预试检修时，为防止试验电流误注入运行中的保护装置、安全自动装置，要求相应的二次电流回路须进行物理隔离，应在最靠近检修 TA 的汇控箱或端子箱端子排处，打开检修 TA 对应的二次电流回路连接片，端子连接片靠近保护侧禁止短接但应密封。特别应注意防止和电流形式的二次电流回路多点接地或失去接地点，如图 3-17、图 3-18 所示。

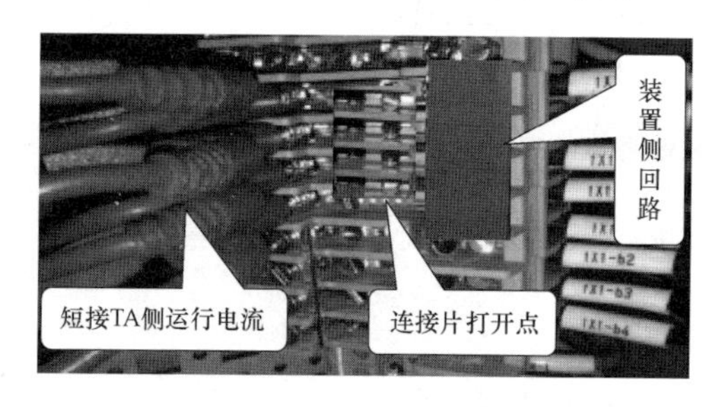

图 3-17　工作设备端子排绝缘隔离措施

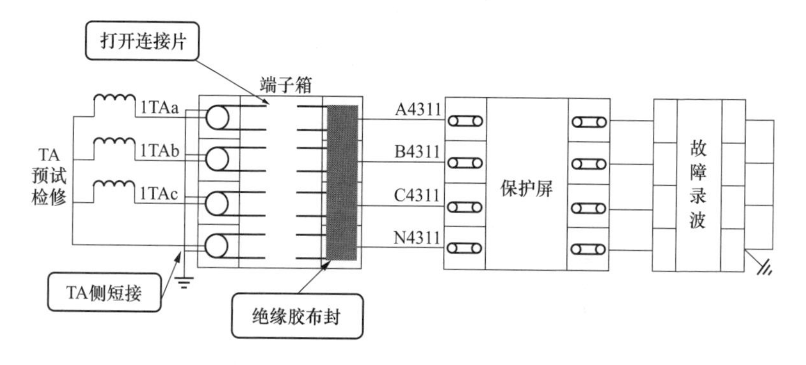

图 3-18　工作设备电流二次回路展开图

完成措施步骤：电流互感器进行预试检修→打开检修 TA 的汇控箱或端子箱端子排处对应的二次电流回路连接片→用绝缘胶布密封保护侧端子。

特别应注意采用和电流形式的二次电流回路，如图 3-19 所示。

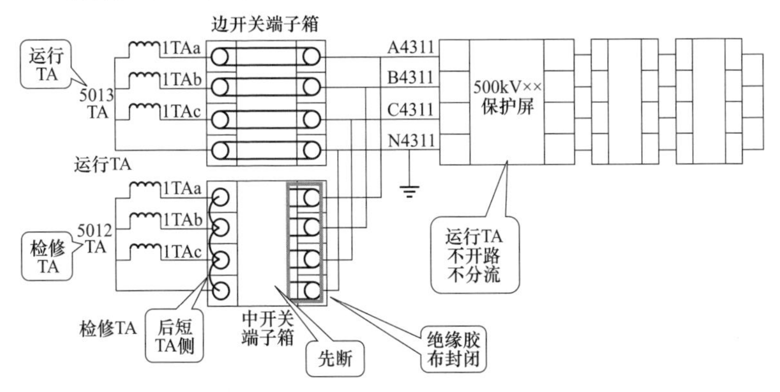

图 3-19　和电流形式的二次电流回路

完成措施步骤：电流互感器进行预试检修→打开检修 TA 的汇控箱或端子箱端子排处对应的二次电流回路连接片→短接检修 TA 侧电流端子→用绝缘胶布密封保护侧端子。

⑦安全自动装置、母差（失灵）保护等设备定检时，因一次设备处于运行状态、二次电流回路带电，当上述设备的二次电流回路串接有其他运行设备时，二次安全措施应与第④点相同。当上述设备的二次电流回路没有串接其他运行设备时，二次安全措施应与第⑤点相同，如图 3-20、图 3-21 所示。

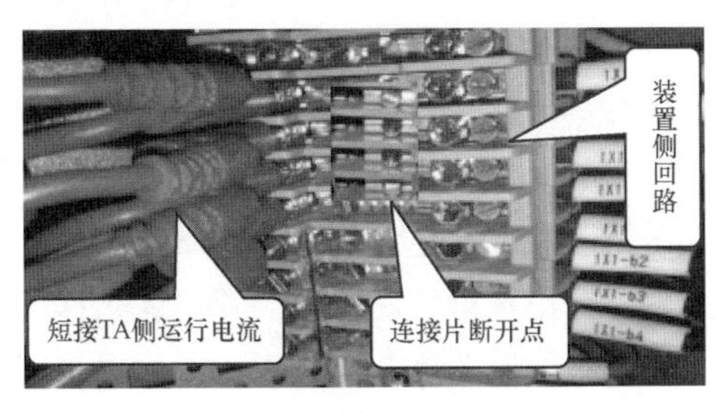

图 3-20　端子排短接

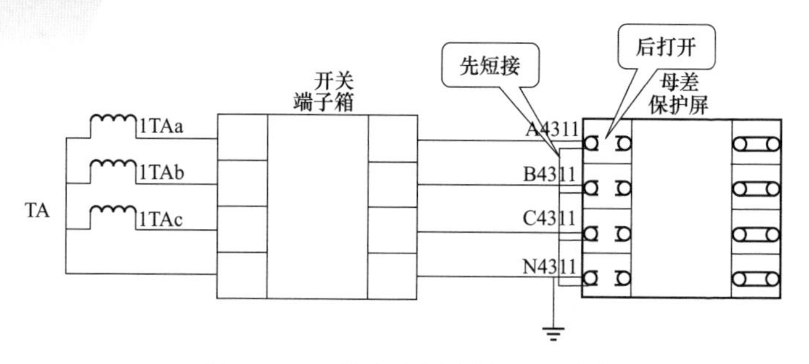

图 3-21　二次电流回路原理展开图

完成措施步骤：

（a）安全自动装置、母差（失灵）保护等设备定检→当二次电流回路串接有其他运行设备时，在二次电流输入、输出端子外侧将同一相别分别进行短接→用钳形电流表和查看装置电流采样确认电流确已可靠短接后→打开工作设备所在屏柜上的二次电流输入、输出回路连接片，并短接二次电流输出回路装置侧端子。

（b）安全自动装置、母差（失灵）保护等设备定检→当二次电流回路没有串接其他运行设备时，使用专用短接线在电流端子连接片靠近 TA 侧短接→通过使用钳形电流表和查看装置电流采样确认电流已可靠短接后，方允许打开连接片。

⑧安全自动装置、母差（失灵）保护等设备定检时，因一次设备处于运行状态、二次电流回路带电，若上述设备与保护共用 TA 二次绕组，对电流回路采取短接或跨接等安全隔离措施，可能会引起差动保护、零序反时限保护功能误动作时，短接或跨接前，应退出相应的保护装置或保护功能投入压板。如图 3-22 所示。

完成措施步骤：若上述设备与保护共用 TA 二次绕组→如安自装置、母差（失灵）保护定检或消缺→退出相应的保护装置或保护功能投入压板→在二次电流输入、输出端子外侧将同一相别分别进行跨接→用钳形电流表和查看装置电流采样确认电流确已可靠短接后→打开工作设备所在屏柜上的二次电流输入、输出回路连接片，并短接二次电流输出回路装置侧端子。

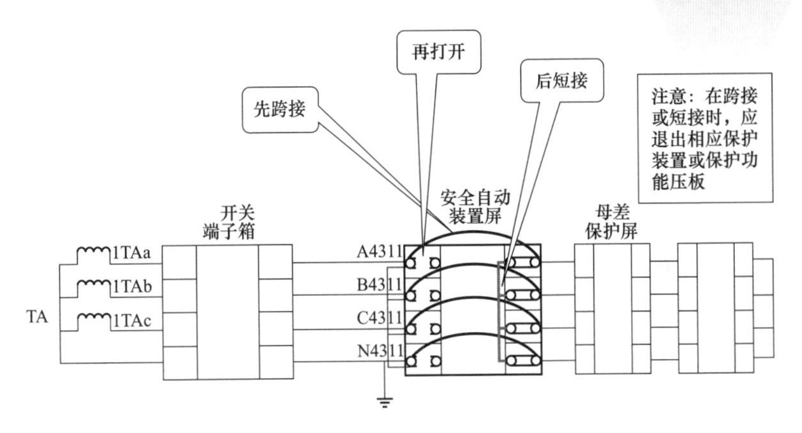

图 3-22　二次跨接时应退出相应保护的安全措施图

注意：在二次电流回路上工作，执行安全措施时，千万别使接地点断开，且保持一点接地。

（4）执行二次电压回路安全措施。制定二次电压回路安全措施时，应先明确 TV 回路是否带电、TV 回路有无并接运行设备、TV 回路接地点位置等回路情况，辨识能不能断、在哪里断、在哪里密封等风险，确保二次安全措施正确、完备。

1）工作负责人应结合现场实际情况，考虑以下安全措施，并特别注意：

Ⅰ电压互感器二次回路多点接地引起的保护不正确动作。

Ⅱ电压互感器二次回路失去接地点；

Ⅲ短路引起二次失压

Ⅳ电压互感器二次系统向一次系统反充电事故。

①电压互感器二次回路的接地特点。电压互感器二次回路与电流互感器二次回路共同点是一点接地，但在同一变电站内有几组电压互感器二次回路，只能在控制室将 N600 一点接地。如图 1-43 所示。

②电压互感器二次回路的反措要求：

（a）为了避免多点接地，必须在端子箱、保护屏、控制屏处等环节逐级检查电压互感器二次回路的接地情况，确保在控制室电压互感器并列屏处一点接地。YMN 小母线专门引一条半径至少为 2.5mm^2 永久接地线至接地铜排。

（b）经控制室零相小母线（N600）连通的几组电压互感器二次回路，只应在控制室将 N600 一点接地，各电压互感器二次中性点在开关场地接地点应断开；为保证接地可靠，各电压互感器二次回路的中性线（即 N 线）不得接有可能断开的断路器、熔断器或接触器。

（c）电压互感器二次绕组中性线与开口三角绕组的 N 线必须分开，并把二次绕组的 4 根线与开口三角绕组的 2 根线使用各自独立的电缆。

（d）防范造成二次反充电。

案例：当所有 220kV 出线由Ⅱ母倒至Ⅰ母操作完成后，所有 220kV 出线都运行在 220kVⅠ母线上（除 220kV 甲线外，其他 220kV 出线Ⅱ母线隔离开关辅助转换开关动断触点均断开），此时断开 220kV 母联断路器，使 220kVⅠ母 TV 二次电压经 220kV 甲线的电压切换回路送至 220kV Ⅱ母 TV 及 220kV Ⅱ母线，导致 220kV 甲线保护 CZX－12R1 操作箱电压切换回路因承担充电电流而发热而烧毁。如图 3-23、图 3-24 所示。

2）二次电压回路安全措施如下：

①二次电压回路安全措施应采用断开空气开关、打开连接片或拆除接线等物理隔离措施。回路断开点应优先选择电压空气开关或带连接片的电压端子，带电侧（非工作侧）用绝缘胶布密封。回路中无任何空气开关或连接片时，在最靠近工作装置的端子排处拆除二次电压回路接线并用绝缘胶布包扎完好。加入试验电压前应用万用表确认回路无电压。

②在电压互感器本体工作时，应断开保护绕组、测量绕组、计量绕组的电压空气开关，并拆除开口三角电压、N600 电缆线芯，用绝缘胶布包扎完好。

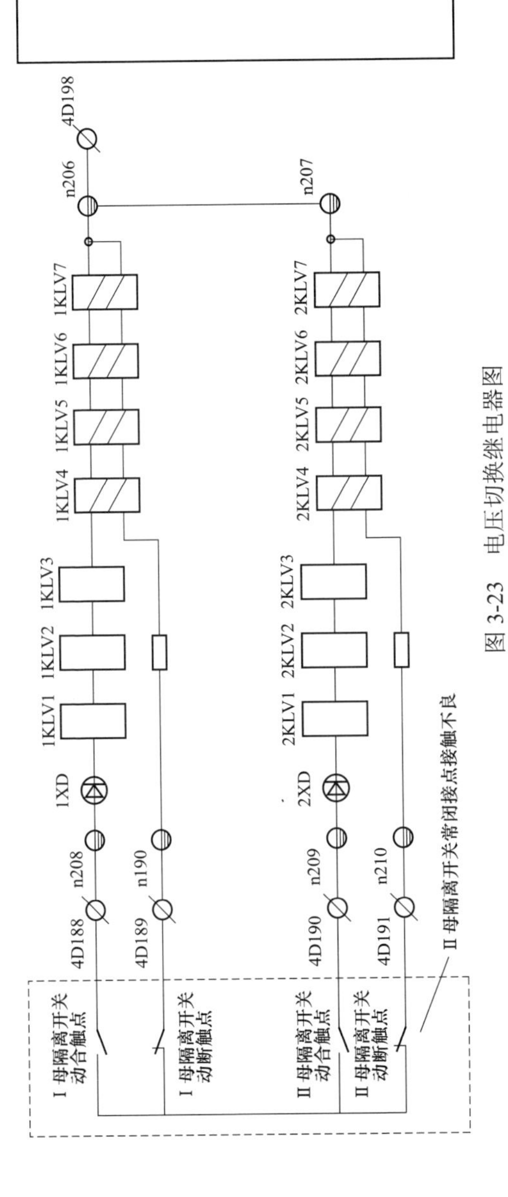

图 3-23 电压切换继电器图

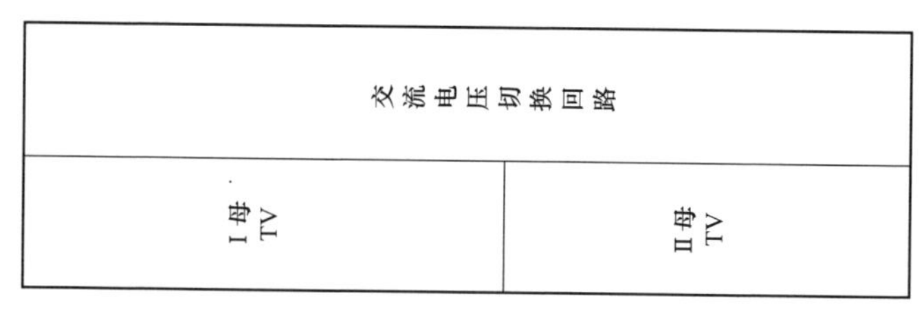

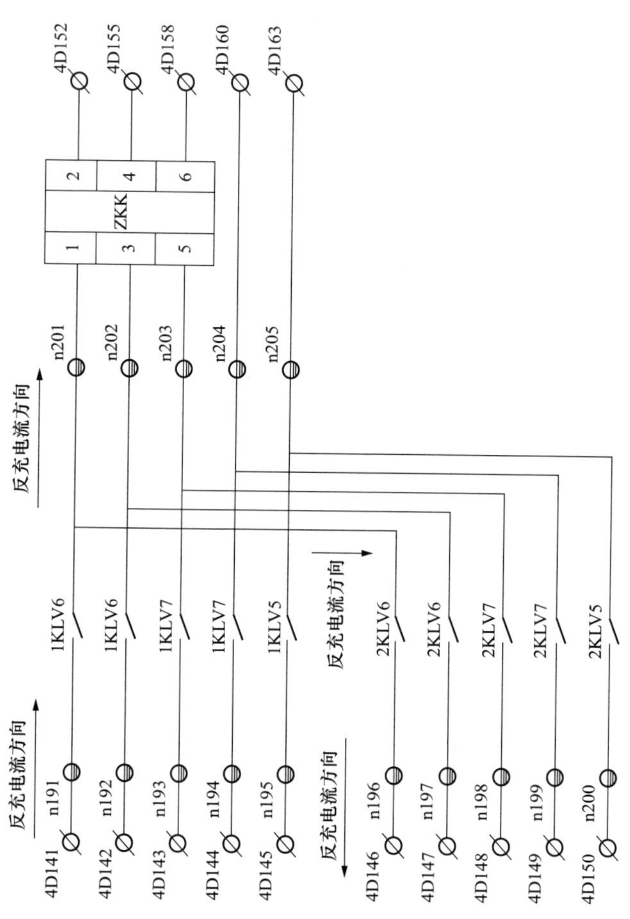

图 3-24　电压切换二次回路图

（a）在临近 TV 回路区域（如 TV 接线柱、TV 端子排等）开展与二次电压回路无关的作业时，应使用绝缘包裹良好的工器具，并对 TV 接线柱、端子排等非工作区域做好绝缘隔离，防止误碰 TV 二次回路造成多点接地，如图 3-25、图 3-26 所示。

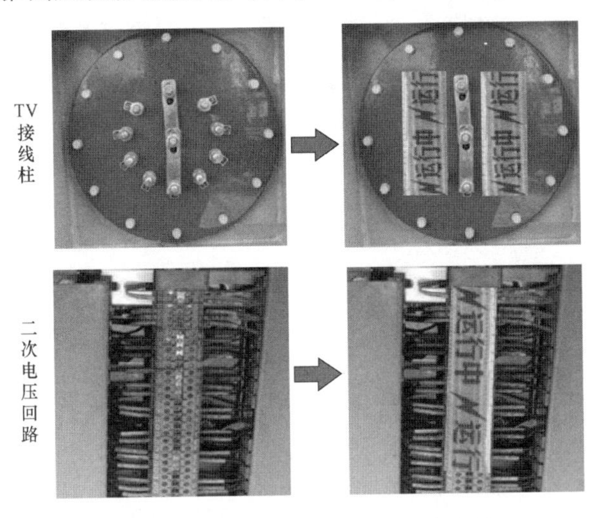

图 3-25　电压互感器二次电压回路封闭

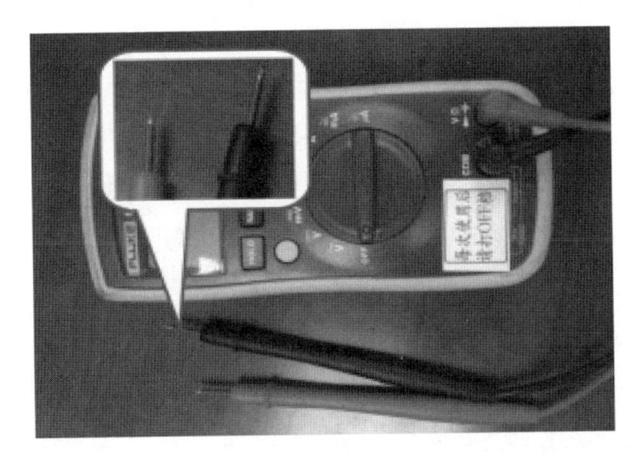

图 3-26　绝缘包扎表笔金属裸露部位

（b）进行电压互感器一次加压试验前，应采用断开空气开关、切除连接片或拆除接线等物理隔离措施，严格执行二次安全措施单进行详细记录并恢复，临时解除的接线应用绝缘胶布及时包扎并固定，防止造成短路或接地，如图 3-27 所示。

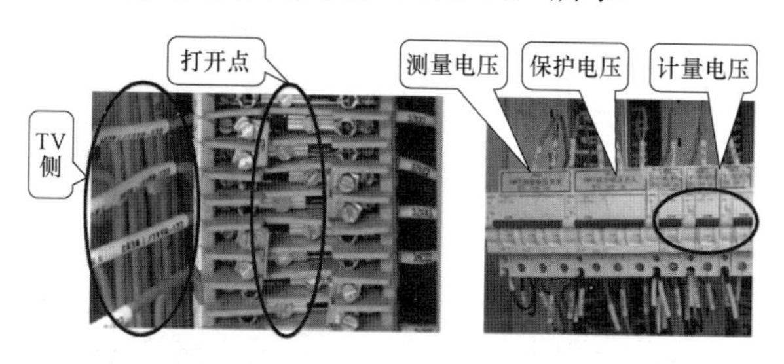

图 3-27　二次电压回路隔离（打开连接片或断开保护电压空气开关）

（c）通过电压互感器二次侧电压回路进行加量试验前，应采用断开空气开关、打开连接片或拆除接线等措施，实现 TV 至保护侧的二次回路物理隔离，严格执行二次安全措施单进行详细记录并恢复，临时解除的接线应用绝缘胶布及时包扎并固定，防止造成短路或接地（见图 3-27）。

接入试验线前必须用万用表测量待接端子确无电压后才可进行，测量时应正确选择万用表电压挡位，测量表笔金属裸露部位应采取绝缘包扎等措施（见图 3-26）。

（d）误断运行中的二次电压回路或电压回路恢复不正确风险控制。作业前对非工作区域的电压空气开关、二次电压回路及其端子排做好绝缘封闭隔离措施。根据工作需要预留开放工作对象及相关端子排区域，防止误碰误断运行中二次电压回路。如图 3-28 所示。

（e）一次设备合闸送电前，必须核实对应所有电压空气开关已正确投入，确认无误后再操作送电。如图 3-29 所示。

（5）执行其他回路安全措施。

1）除了按照要求执行二次电流、电压回路安全措施外，对易触碰引起危险的失灵启动回路、联跳回路等应密封，防止误碰。

常见易犯错误：

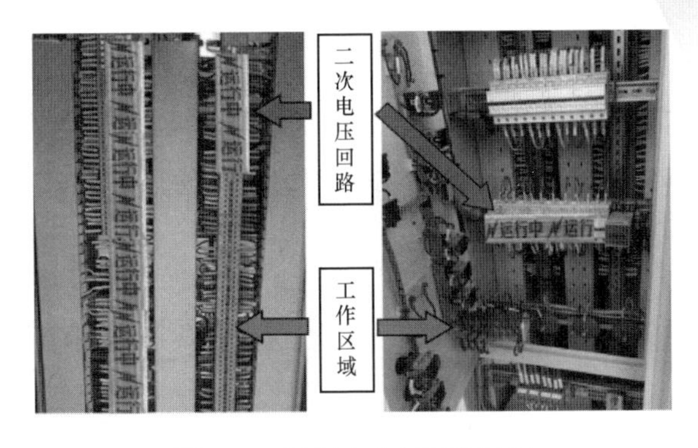

图 3-28　运行中电压回路封闭

图 3-29　端子箱中电压空气开关

①漏退出联跳运行设备出口压板：如跳母联出口、失灵启动、远跳等压板。

②漏退出线路差动保护压板。

正确做法：

根据工作票、二次安措单、作业表单，逐一检查核对出口压板、功能压板在退出状态，压板上端用绝缘胶布包好，记录压板状态。如图 3-30、图 3-31 所示。

2）若工作设备与其他运行设备组合在同一面屏（柜）时，应对同屏运行设备及其端子排采取防护措施，用绝缘胶布贴住或用塑料扣板扣住端子。如图 3-32 所示。

退出失灵启动压板
失灵启动压板未退出

逐一退出出口压板、失灵启动压板，上端用绝缘胶布包好，记录压板状态
压板退出

图 3-30　压板退出并包好隔离

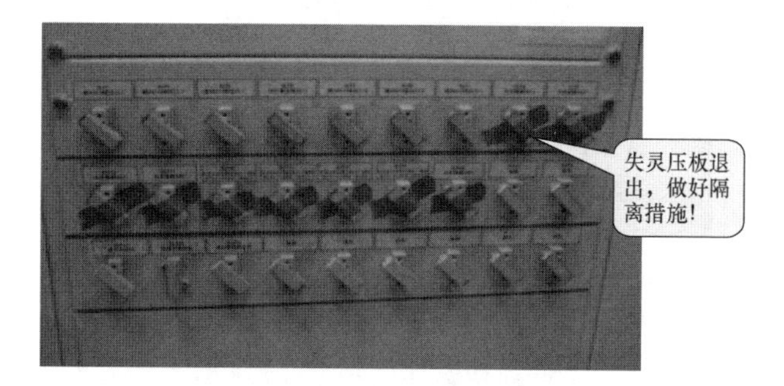
失灵压板退出，做好隔离措施!

图 3-31　压板退出并做好隔离

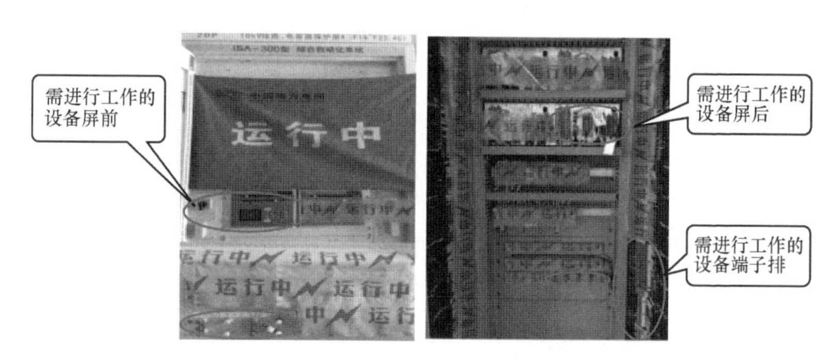
需进行工作的设备屏前
运行中
需进行工作的设备屏后
需进行工作的设备端子排

图 3-32　绝缘胶布贴住或用塑料扣板扣住端子

3）拆除二次回路的外部电缆后，应立即用绝缘胶布分别包扎好电缆芯线头金属裸露部分。宜用状态警示牌作为执行二次安措单安全措施的标示，未征得工作负责人同意前不应拆除。如图 3-33

所示。

需包扎好电缆芯线头金属裸露部分
状态警示牌
禁止接入

图 3-33　安全措施的标示图

4）在运行中的开关汇控柜作业时，工作过程中需采取防止工作人员身体或工器具误碰运行设备跳闸继电器或跳闸回路的措施，如固定打开的汇控柜门、在跳闸继电器或跳闸回路前设置隔离挡板等。如图 3-34 所示。

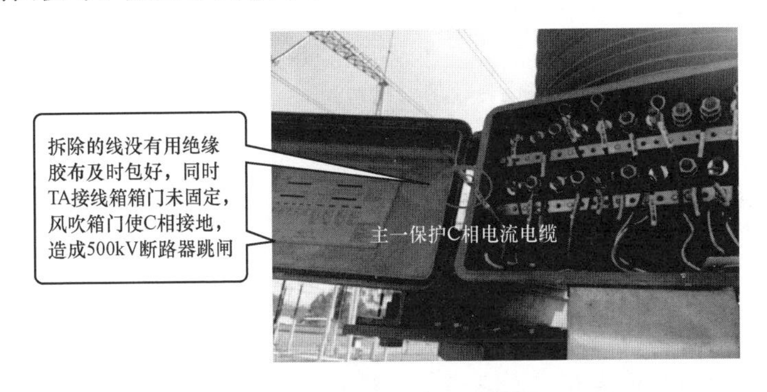
拆除的线没有用绝缘胶布及时包好，同时TA接线箱箱门未固定，风吹箱门使C相接地，造成500kV断路器跳闸
主一保护C相电流电缆

图 3-34　固定打开的汇控柜门

5）在测量电压前检查万用表的电压挡位选择是否正确，防止造成直流系统接地影响其他保护及安自装置正常运行。如图 3-35 所示。

6）在带有出口传动功能的保护或安自装置上作业，在采取隔离出口措施前严禁使用装置的出口传动功能。

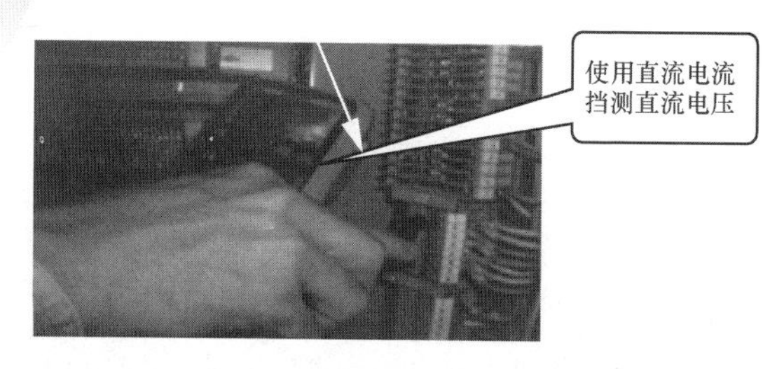

图 3-35　万用表挡位错误使用图

7）保护装置对运行断路器出口传动试验时，如跳闸回路会启动失灵保护或远跳发信，试验期间应短时退出失灵保护或线路远跳功能。

8）其他控制作业风险应采取的隔离措施。

六、修理、技改及扩建等工程二次安全措施要求

（1）工程现场施工前，施工单位应进行现场勘查，填写和现场实际情况一致的二次拆接线表和二次措施单，二次措施单作为施工设备与运行设备的物理隔离措施。

（2）二次措施单的完备性和正确性由施工单位工作负责人和业主单位运维班组现场核对人员共同负责。工程二次措施单应在设备停电前 10 个工作日会同施工方案（含二次拆接线表）送变电管理所审批；施工单位工作负责人应在设备停电前 5 个工作日会同业主单位运维班组人员完成现场核对。

（3）二次措施单的具体执行由施工单位工作负责人负责，并应在业主单位运维班组人员的见证下完成。原则上要求业主单位运维班组见证人与二次安措单核对人为同一个人，且业主单位运维班组见证人应在二次措施单每一页的“备注栏”签名确认措施实施的正确性，并注明见证日期。

（4）拆除旧保护屏柜或其他设备前，必须彻底将欲拆除的保护屏柜或设备与运行设备进行隔离。

（5）退运二次电缆原则上要求进行撤除，确有撤除困难的，应两端解开，剪掉裸露部分，再进行绝缘包扎并固定好；严禁芯

缆两侧不同步拆除。

（6）拆除电缆前后，应确认电压回路、电流回路和直流回路均处于不带电状态；拆除后要两侧逐根对线核对无误，并及时逐芯分别剪断处理，不得使用电缆剪一次性将电缆头剪断的作业方式。

（7）拆除电缆时，不得随意拉扯运行设备的控制电缆，严禁直接对控制电缆进行裁剪。

（8）拆除旧保护屏或其他设备，应先拆除运行设备侧的电缆接线，后拆除停运设备侧的电缆接线；按先拆联跳出口回路、失灵启动回路，后拆直流电源回路、交流电流回路、交流电压回路、信号回路的顺序进行。

（9）新设备安装调试期间，所有回路不得擅自接入运行设备或回路。

（10）新设备安装调试结束，相关回路经试验检查并验收合格，方可申请接入运行设备或回路。

（11）新设备接入过程中，为防止工作人员误碰运行的回路和压板，应使用布帘或封条对相关运行的回路和压板进行隔离。

（12）新设备一经接入运行设备即视为运行设备，在其上开展相关二次工作时，应执行本管理要求。

（13）修理、技改及扩建等工程二次安全措施管理流程如图3-36所示。

七、缺陷处理二次安全措施要求

（1）进行缺陷处理前，应先进行作业风险评估，并制定预控措施，办理工作票和填写二次措施单。二次措施单所列二次安全措施，原则上应作业前执行完毕。确因作业前无法预计，作业过程中需临时增加拆接线内容时，应记录回路变更情况，作业结束后按记录进行恢复。缺陷处理过程中的拆接线记录允许手写。

（2）在进行涉及运行设备装置的插件更换工作时，应对不属于更换对象的交流插件进行固定或隔离，防止误拔插交流插件造成 TA 开路。

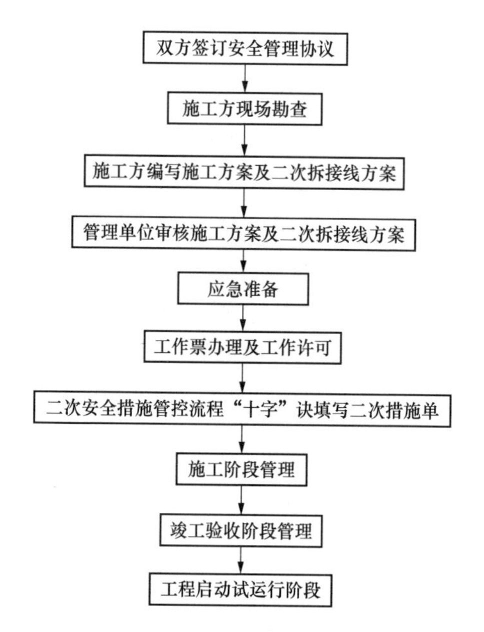

图 3-36　修理、技改及扩建等工程二次安全措施管理流程图

（3）缺陷处理二次安全措施管理流程如图 3-37 所示。

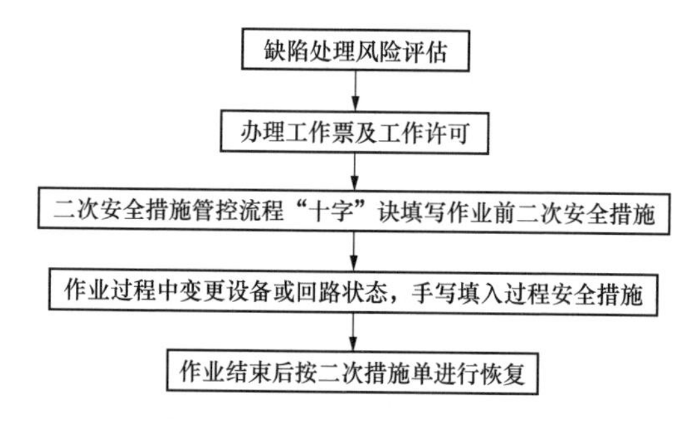

图 3-37　缺陷处理二次安全措施管理流程图

八、定检工作二次安全措施要求

定检工作二次措施单应体现作业前实施的安全措施，重点体现二次电压、二次电流、通道尾纤、不经压板的联跳及闭锁等回路的物理隔离和绝缘处理。

第三节　二次措施单填写规范

二次措施单填写除遵循《电力安全工作规程》《电气工作票技术规范（发电、变电部分）》有关要求以外，还应遵循以下要求：

一、术语规范

（1）对于屏柜、压板、把手、空气开关等元件设备，二次安全措施操作点应同时包含名称和编号。对于接线端子或二次线，二次安全措施操作点应同时包含端子编号、回路编号和回路用途；对于修理、技改、扩建等工程，还应注明对应的电缆编号。

（2）二次安全措施操作动词应采用取下、装上、断开、合上、连上、打开、投入、退出、拔出、恢复、切换至、拆除、接入等含有明确操作行为的规范动词。“取下”或“装上”用于二次熔断器操作，“断开”或“合上”用于二次空气开关或稳定控制通道开关操作，“投入”或“退出”用于压板操作，“连上”或“打开”用于端子连接片操作，“拔出”或“恢复”用于光纤通道尾纤操作，“切换至”用于切换把手操作，“拆除”或“接入”用于二次线操作。

二、填写内容及页面设置规范

（1）二次措施单应采用规范的格式，填写内容包括工作任务对应的工作票编号、二次措施单编号及按执行顺序列写的二次安全措施序号、执行时间、执行人、安全技术措施内容、恢复时间、恢复人、监护人、工作负责人等。

（2）同一张二次措施单可以填写在多个屏上的操作项目，在每个操作项目开头应注明“在×××屏”以作提示。

当措施内容超过一页时，可在最后一行填入“下接×号措施单页”，次页首行填写“上接×号措施单页”，每页空白处应用“ϟ”符号划去或在空白第一行填写“以下空白”的字样。

（3）安全技术措施内容除遵循以上要求外，还应遵循以下要求：

1）操作地点：在××屏柜（编号和名称）。

2）直流电源回路：断开××装置（名称）直流电源空气开关：××（编号）××（名称）；拆除××装置（名称）直流电源二次线：××（××）（端子号＋回路编号）并用绝缘胶布包好。

3）跳、合闸出口压板：退出××（编号）××断路器跳闸、合闸出口压板（名称）；密封××（编号）××断路器跳闸、合闸出口压板（名称），防止误投。

4）二次电流回路：打开×× TA（名称）二次电流回路端子连接片：××（端子号），并密封非工作侧端子；短接×× TA（名称）二次电流回路端子：××（××）（端子号＋回路编号）。

5）二次电压回路：打开××TV（名称）二次电压回路端子连接片：××（端子号）,并密封非工作侧端子。

6）光纤通道回路：拔出××装置（名称）光纤通道尾纤：××（通道名称）,并用防尘套分别密封拔出的尾纤接头。

7）失灵启动回路（不经压板）：拆除失灵启动回路二次线：××（××）（端子编号＋回路编号）并用绝缘胶布包好。

8）闭锁开出回路（不经压板）：拆除闭锁开出回路二次线：××（××）（端子编号＋回路编号）并用绝缘胶布包好

9）位置开入回路（不经压板）：拆除位置开入回路二次线：××（××）（端子编号＋回路编号）并用绝缘胶布包好。

10）其他回路：拆除其他回路二次线：××（××）（端子编号＋回路编号）并用绝缘胶布包好。

11）绝缘密封：对于拆除二次线的绝缘处理操作应逐项填写，对于不拆除二次线的其他绝缘密封操作可合并填写。

第四节　二次安全措施管控流程“十字”诀

在充分了解管理要求，总结形成“析、填、核、隔、量、短、断、拆、记、封”二次安全措施实施的十字诀。

第一字“析”，即对工作开展前的风险分析。

要求：根据作业任务，依据图纸，对作业风险进行分析。

第二字“填”，即填写安全措施。

要求：工作负责人正确填写二次措施单，所填写的二次措施单需与现场接线一致。

第三字“核”，即核实安全措施。

要求：工作负责人（或监护人）将已填写好的二次措施单与现场再次核实一致后，完成措施单签发。

第四字“隔”，即隔离非工作屏、端子排、端子。

要求：工作人员将需要工作屏与非工作屏隔离、工作端子排与非工作端子排隔离、工作回路的端子与非工作回路的端子进行隔离，工作过程中将易误碰端子用绝缘胶布封好隔离（例如带电拆除电压回路时，拆除A相时，将B、C、N线全部封好隔离）。

第五字“量”，即测量电位及电流。

要求：①工作人员与工作负责人一同确认万用表笔插孔、挡位正确后，对回路电压进行测量确认；②工作负责人监护工作人员用钳形电流表对电流回进行测量确认。

第六字“短”即短接电流回路。

要求：在端子排适合工作点的位置短接电流回路（220kV二次电流回路先短后断，500kV和电流回路先断后短），并严禁将回路永久接地点断开。

第七字“断”，即断开电压空气开关、电流连接片。

要求：工作人员与工作负责人一同测量电压并保持确认后，断开间隔交流电压空气开关、直流电压空气开关等负荷空气开关，电压变为 0；用钳形电流表对电流回进行测量确认，逐相打开电流二次回路连接片，并观察钳形电流表的变化。

第八字“拆”，即拆除回路。

要求：①工作人员再次核实工具过多金属裸露部分已用绝缘胶布包好；②工作负责人认真监护；③工作人员每拆除一个接线需读出接线端子号、端子号经工作负责人确认后才拆除；④拆除出的线头立即用绝缘胶布包好；⑤先拆最危险的联跳回路、失灵回路等，再拆电压回路、信号回路等（恢复安措则按相反顺序）；⑥先拆上层端子，再拆下层端子（恢复安措则按相反顺序）；⑦带电拆除回路（特别是联跳回路）时，需在电源测拆除，且电缆另一头需有人用万用表进行对电位监测，确认电压从有到无，保证所拆除回路正确无误。

第九字“记”，即记录信息。

要求：①工作监护人每拆除一根接线（或打开电流连接片）需在二次措施单上正确打“√”记录；②所有回接拆除（或打开）完毕后工作负责人与工作人员一同确认后，在二次措施单上签字。

第十字“封”，即封隔危险。

要求：①将工作中不可投入的压板用绝缘胶布封好（联跳压板、失灵压板、闭锁备自投压板、与其他运行设备有联系的压板等）；②将工作中不可投入的空气开关用绝缘胶布封好（电压空气开关、直流空气开关等）；③将工作中易误碰的重要回路用绝缘胶布封好（带电电压回路、带电电流回路等）；④将本屏柜其他运行空气开关、端子、压板用绝缘胶布封好。

将十字诀编制成实施流程图，在流程图边对每一步的要求进行标注，真正做好制度流程化、明了化，让每一个员工能快速掌握二次安措施实施的各个步骤及要求。

二次安措实施步骤如图 3-38 所示（十字诀）。

风险分析
要求：根据作业任务，依据图纸，对作业风险进行分析

填写安措
要求：工作负责人正确填写二次措施单，所填写的二次措施单需与现场接线一致

核实安措
要求：工作负责人（监护人）将已填写好的二次措施单与现场再次核实一致后，完成措施单签名

隔离非工作屏、端子排、端子
要求：将工作屏、端子排、端子与非工作屏、端子排、端子进行隔离,工作过程中将易误碰端子用绝缘胶布封好隔离

测量电位及电流
要求：①工作人员与工作负责人一同确认万用表笔插孔、挡位正确，对回路电压测量确认。②工作负责人监护工作人员用钳形电流表对电流回路测量确认

短接电流回路
要求：在端子排适合工作的位置短接电流回路（220kV电流回路先短后断，500kV和电流回路先断后短），并严禁断开回路永久接地点，并观察钳形电流表的变化

断开电压空气开关、电流连接片
要求：工作负责人与工作人员一同测量电压并保持确认后，断开交流电压空气开关、直流电压空气开关，电压从有变为0：用钳形电流表确认电流回路，逐项断开电流二次回路连接片，并观察钳形电流表的变化

拆除回路
要求：①工作人员应将工具过多金属裸露部分用绝缘胶布包好：②监护人认真监护：③工作人员每拆除一接线需读出接线端子号并经监护人确认后才拆除：④拆除的接线头立即用绝缘胶布包好；⑤拆除回路应做到“先危险，后重要”，即先拆最危险的联跳、失灵回路等，再拆电压、信号回路等（恢复安措则顺序相反）：⑥先拆上层端子，后拆下层端子（恢复安措则顺序相反）：⑦先拆电源侧，拆除时，另一侧需有人用万用表进行电位监测，确认电压从有到无，保证所拆回路正确无误

记录信息
要求：①监护人对每拆除一根线（或断开电流连接片）需在措施单上正确打“√”记录；②所有回路拆除（或断开连接片）后，监护人与执行人应一同确认正确后签名

封堵危险
要求：①将工作中不可投入的压板用绝缘胶布封好（联跳、失灵、闭锁自投及与其他设备有联系的压板等）：②将工作中不可投入的空开用绝缘胶布封好（电压空气开关、直流空气开关等）：③将工作中易误碰的回路用绝缘胶布封好（带电电压、电流回路）④将本屏柜其他运行空气开关、端子、压板用绝缘胶布封好

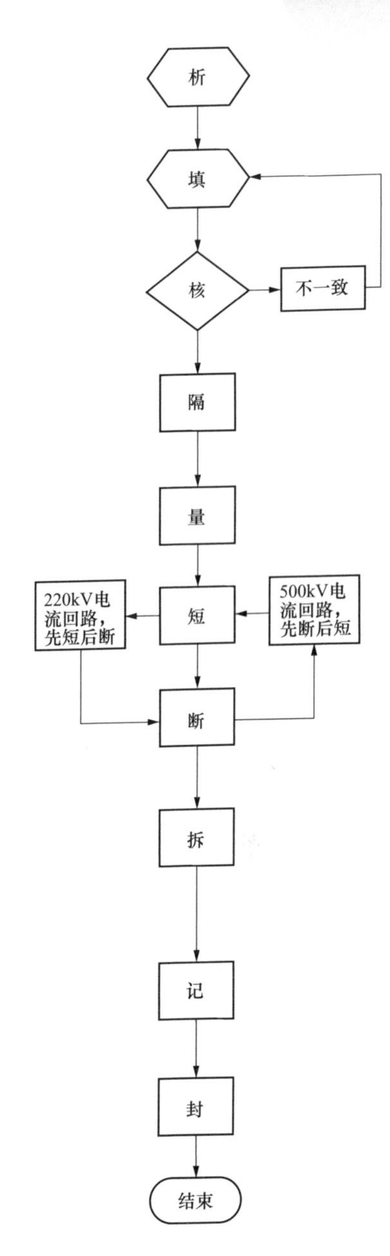

图 3-38　二次安措实施步骤图

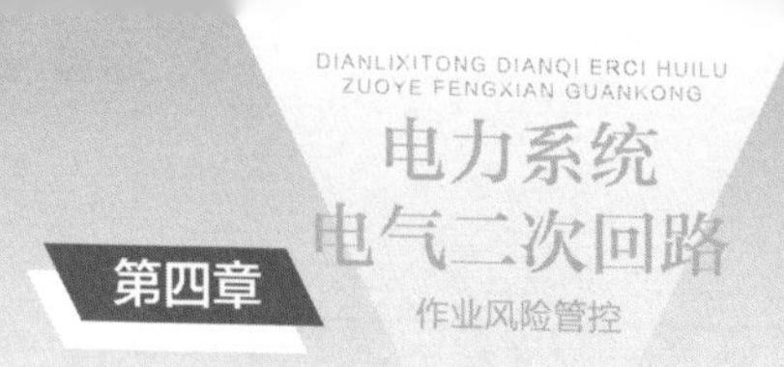

第四章

二次回路跨专业作业安全措施管理内容与要求

“跨专业作业”是指在各专业设备交界面上的作业。由于人员、设备、环境等因素衍生出大量的作业风险，其中风险最大的就是在继保、安全自动专业与其他专业之间设备分界点上进行的使邻近二次设备及回路暴露于作业环境中的作业（即跨专业作业），其风险后果是导致继电保护、安全自动装置或二次设备不正确动作。

为了规范电力系统二次设备及回路跨专业工作安全技术措施，防范现场跨作业造成人身、电网或设备事故事件，提升现场跨专业作业安全管控能力，基于作业风险评估方法建立跨专业作业风险库，编制并每年定期修编《二次回路跨专业作业风险库》，并根据年度工作计划组织各专业修编《二次回路跨专业作业风险库》，针对当年工作计划的设备及作业辨识是否涉及二次回路，并对其提出控制措施。

第一节　跨专业二次回路作业风险分析及控制措施

通过案例分析跨专业作业的风险和危害，找出跨专业作业风险的根源，并采取有效的控制措施，提升现场跨专业作业安全管控能力。

一、跨专业二次回路作业造成事故的案例分析

【案例 1】 2016 年 1 月 7 日，试验人员开展第二串联络 5722 断路器 TA 特性试验时，误将 5722 断路器汇控柜 TA 端子先短接，再断开端子连接片，造成 2 号主变压器 A 套差动保护误动作，跳开

主变压器三侧断路器。如图 4-1、图 4-2 所示。

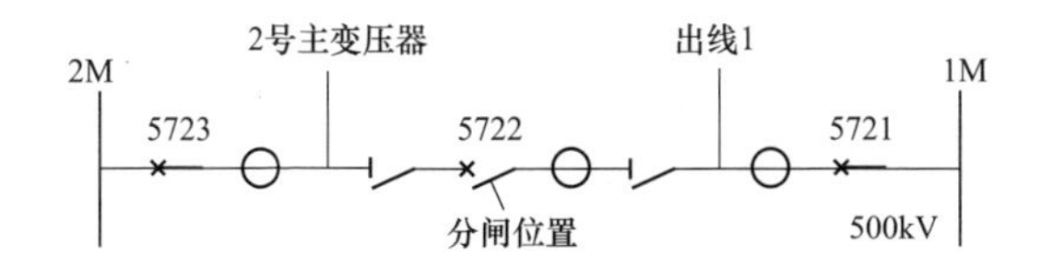

图 4-1　主接线图

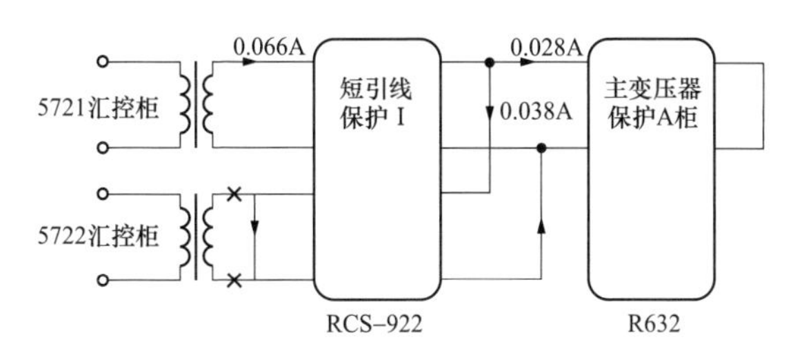

图 4-2　误短接示意图

这个案例暴露的问题有两个，第一个是由于试验人员看不懂二次回路图纸，在执行安全措施时没有考虑和电流，分析不出安全措施实施后电流存在分流情况。第二个是试验人员安全防范意识不强，跨专业工作时对危险风险辨识不清楚，看不懂二次回路图纸，分析不出安全措施实施后电流存在分流情况，并直接导致运行机组停运，危险点分析不到位。

【案例 2】　2016 年 4 月 28 日，检修专业人员对 500kV 第五串 5051 边断路器 TA 接线盒下部二次电缆保护管进行钻孔作业时，扳手触碰到 TA 二次接线柱，造成 C 相二次绕组接地，导致 MN1 线主 II 保护动作，重合不成功三相跳闸，如图 4-3、图 4-4 所示。

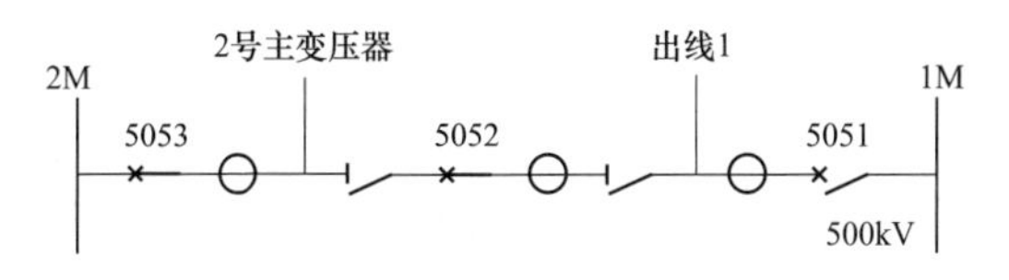

图 4-3　主接线图

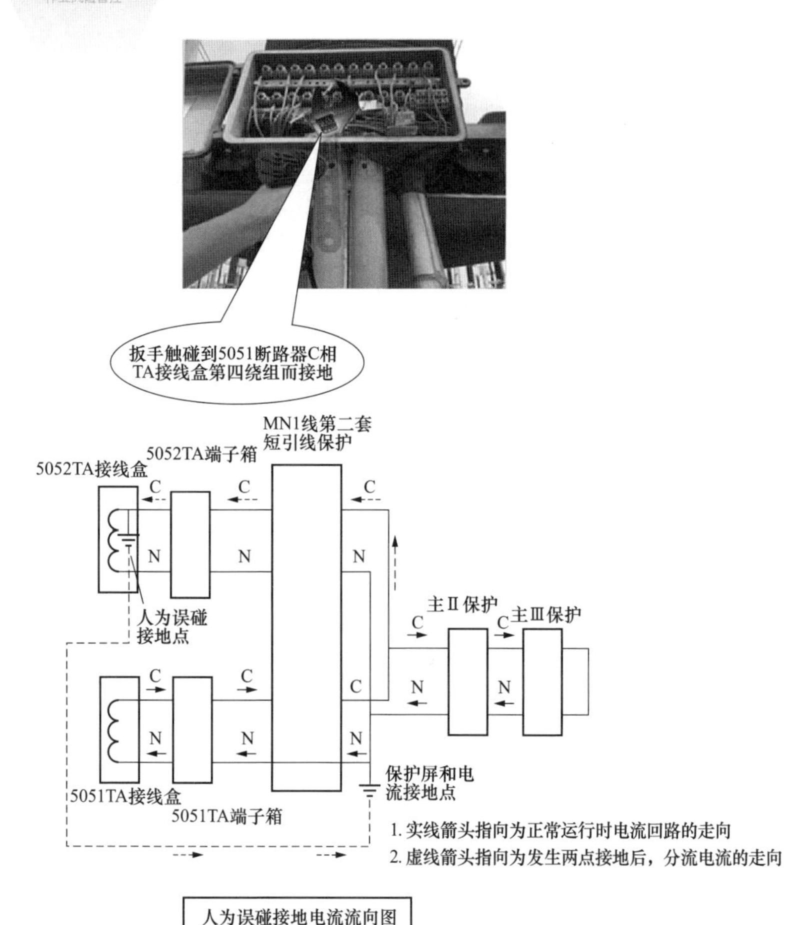

图 4-4　扳手误碰 TA 二次接线柱及二次分流保护动作图

这个案例暴露的问题有两个：①检修专业人员对 500kV 线路 5051 断路器 TA 接线盒防潮封堵工作风险辨识不足，未能辨识出一次设备转检修后，相关二次回路仍和运行设备有关联的风险；只辨识出钻孔时对二次电缆损伤的风险，但没有辨识出采用扳手插入钢管的方式保护电缆所带来触碰 TA 二次回路的风险。②运行值班人员许可工作票时，未能辨识出一次设备转检修后，相关二次回路仍和运行中设备有关联的风险。

【案例 3】 2017 年 9 月 26 日，计量中心计量运维班工作人员在对 500kV ××甲线 5053 断路器、第五串 5052 中断路器 TA 计量绕组进行测试检查，由于计量人员在 5052 断路器 TA 端子箱工作时拆线未及时包扎裸露线头，端子箱的活动门在外力风吹作用下突然活动，并与拆除回路接触，造成主 I 保护 C 相电流回路两点接地，C 相产生零序电流，使主 I 保护零序反时限过流动作，三相跳闸，5051 断路器保护装置显示“A、B、C 相跟跳，沟通三跳”，如图 4-5 所示。

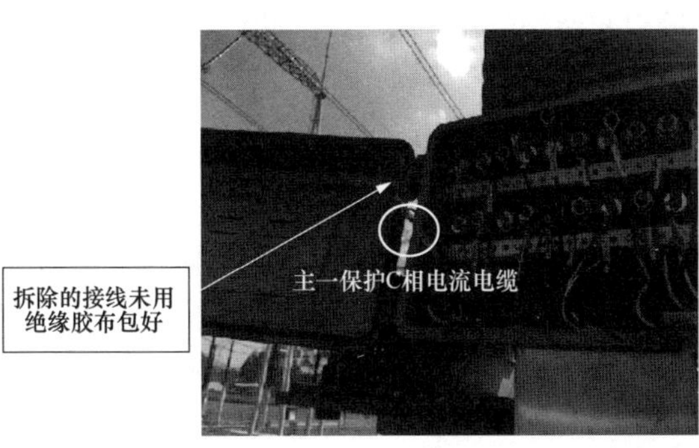

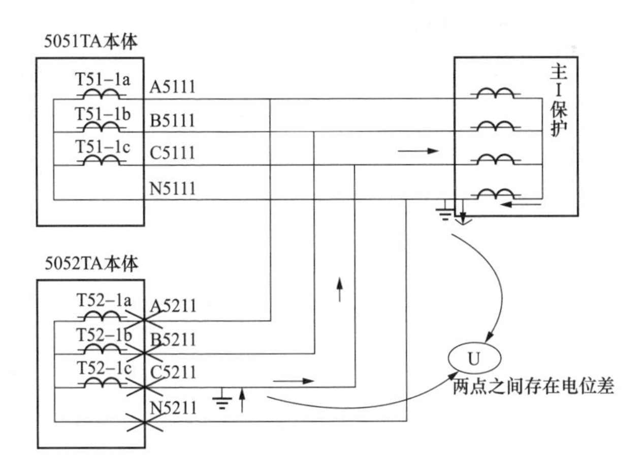

图 4-5　TA 接线盒及二次回路图

这个案例暴露的问题有两个：①《厂站电流互感器现场检验作业指导书》未明确在 3/2 接线方式的二次电流回路作业存在具体风险点和控制措施，未明确拆线后绝缘包扎的作业流程。②计量人员对 3/2 接线方式的二次电流回路不熟悉，作业过程中风险辨识不足，检修申请票，未明确工作涉及保护二次回路，导致保护专业人员无法审核把关，未意识到在停电的 3/2 接线方式的 TA 二次回路上工作，会对运行设备造成影响。

【案例 4】 2017 年 11 月 28 日，热工专业在进行 1 号主变压器 C 相低压绕组温度计（温度计安装在变压器本体）检查时，误碰表计中凸轮引起绕温高跳闸接点导通跳开 1 号主变压器三侧断路器，如图 4-6 所示。

这个案例暴露的问题有两个：①“厂站主变温度表现场检验作业指导书”未明确在进行主变压器温度表作业存在具体风险点和控制措施，未明确主变压器温度表检验作业流程。②热工人员对主变压器温度表二次接线回路不熟悉，未意识到主变压器绕组温度高二次回路会造成主变压器跳闸，作业过程中风险辨识不足。

从这四个案例可以看出，跨专业作业工作人员对二次回路图纸及相关二次回路仍和运行中设备有关联的风险辨识不足，继电保护运行工作责任重大，稍有疏忽就会影响电网安全、稳定运行，必须坚持“严、勤、细、实、快”的工作作风。

二、电流互感器的工作（包括继电保护、检修、计量、试验、运行、电测、自动化专业）

1. 500kV 电流互感器的工作

【风险 1】 中断路器 TA 的二次回路参与各边断路器的和电流，用于入串的线路、主变压器保护等，碰触二次电流回路会造成多点接地，将产生分流或窜入电流造成保护启动或动作。

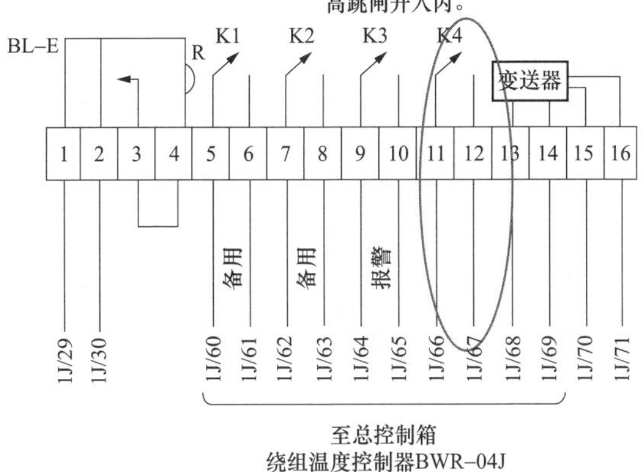

图 4-6　主变压器低压绕组温度计及跳闸触点回路图

【风险 2】 边断路器的 TA 同样参与入串的线路或主变压器保护的和电流，与中断路器同理。另外边断路器参与 500kV 母差保护，500kV 母差保护没有采用电压闭锁功能（220kV 及以下的有闭锁功能），接入母差保护的电流是逐一间隔接入保护屏端子排的，没有电气量的物理连接，但 500kV 母差保护没有采集隔离开关和断路器位置，可能会造成保护启动，如果对该 TA 进行升流就有可能造成母差保护动作。

【控制措施】

（1）在 TA 端子箱、接线盒、就地汇控柜做可视化风险标识。如图 4-7 所示。

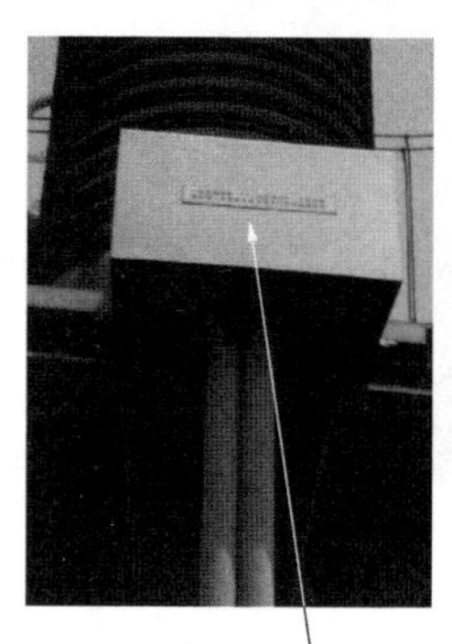

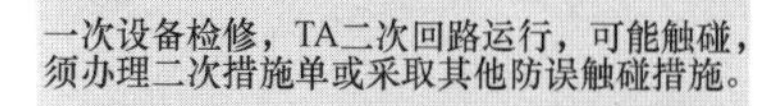

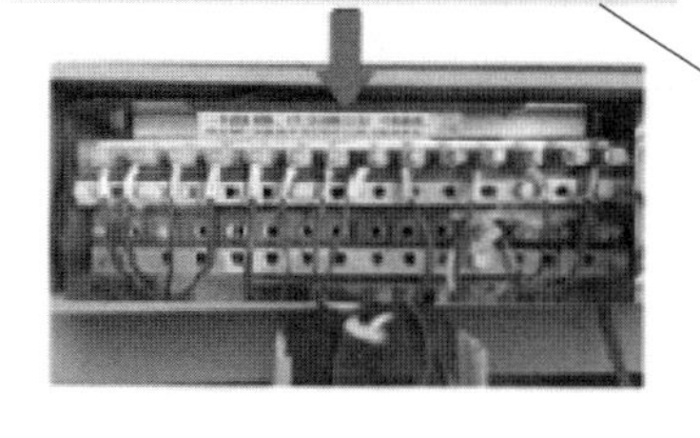

图 4-7　TA 风险提示标识示例

按照安健环要求在 TA 端子箱、TA 接线盒、就地汇控柜粘贴“一次设备检修，TA 二次回路运行，可能触碰，须办理二次措施单或采取其他防误触碰措施”可视化风险标识。

（2）单个中断路器或边断路器检修时，不应对其进行二次电流回路及 TA 二次侧的工作，必须工作时，应做好：

①断路器 TA 邻近位置或其二次回路临近位置工作时须采用绝缘材料封闭裸露的二次电气部分（包括 TA 接线柱或其二次回路其他裸露部分），以防发生运行电流回路分流或者多点接地，如图 4-8 所示。

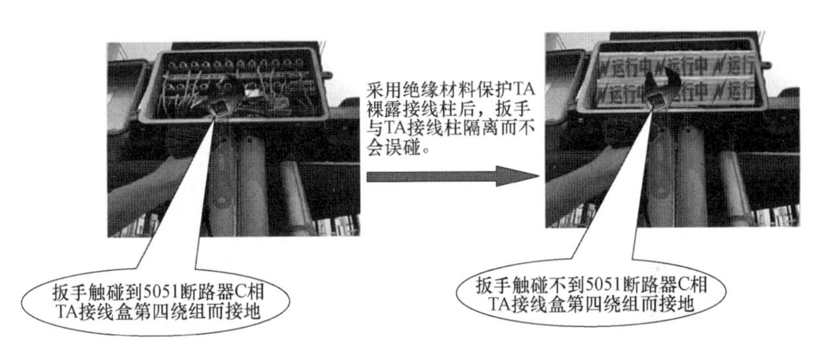
采用绝缘材料保护TA裸露接线柱后，扳手与TA接线柱隔离而不会误碰。
扳手触碰到5051断路器C相TA接线盒第四绕组而接地
扳手触碰不到5051断路器C相TA接线盒第四绕组而接地

图 4-8　采用绝缘材料封闭 TA 接线柱

②绝缘密封隔离措施，根据工作需要预留开放工作对象及相关端子排区域，如图 4-9 所示。

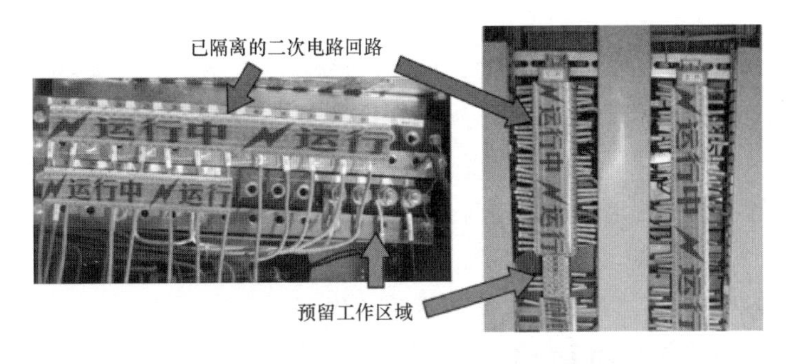
已隔离的二次电路回路
预留工作区域

图 4-9　电流二次回路区域封闭隔离措施

③不得造成多点接地，隔离措施应打开停电 TA 的二次回路连片或解除 TA 二次电流回路接线，且短接断口连片的 TA 侧回路，如图 4-10 所示。

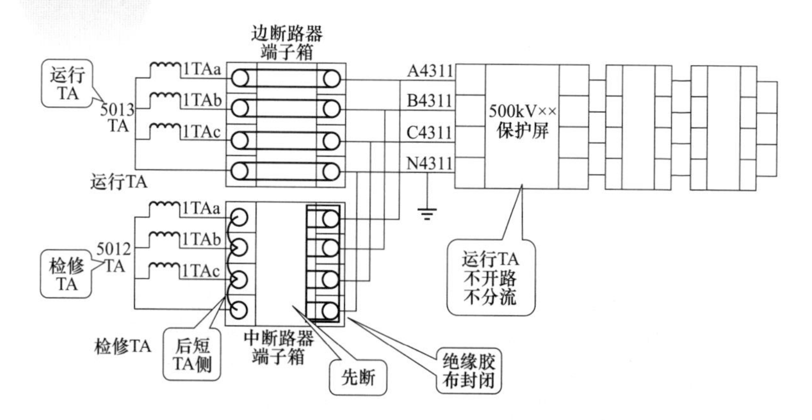

图 4-10　断开 TA 的二次回路连片及短接断口连片的 TA 侧回路图

④严格执行二次安全技术措施单进行详细逐项记录，临时解除的接线应用绝缘胶布及时包扎并固定，防止造成接地。

⑤500kV 3/2 断路器接线二次电流回路作业要求：应先断开端子，再短接端子。220kV 断路器接线二次电流回路作业要求：先短接端子，再断开端子。

⑥警惕性有两个：第一是保护人员培训应与检修资质等相结合，第二是未经培训保护人员不得跨越电压等级作业。

⑦实施解除 TA 二次电流回路接线或断开 TA 二次电流回路等隔离措施时，作业中应使用绝缘包裹良好的工器具，如图 4-11 所示。

（3）无论一次设备处于何种状态，边断路器 TA 的母差保护二次回路都不允许进行任何工作。

2. 220kV 电流互感器、220kV 变电站 110kV 电流互感器及 500kV 变电站 35kV 电流互感器的工作

【风险】上述 TA 除接入所在间隔的保护外，还接入母线保护、稳控装置等，母线保护电流定值比较大，此类两点接地电流一般在二次值 0.2A 以下，母线保护定值可以躲过，而且 220kV 及以下母线保护还有电压闭锁，更加不容易出口。但如果对 TA 进行升流，电流进入母线保护时导致差流越限告警，存在误动的可能。

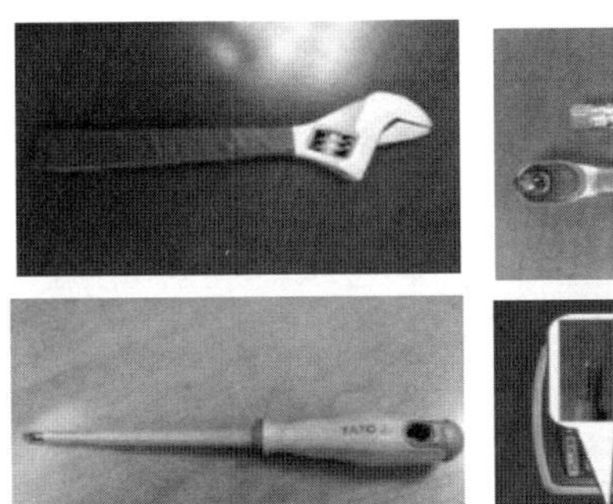

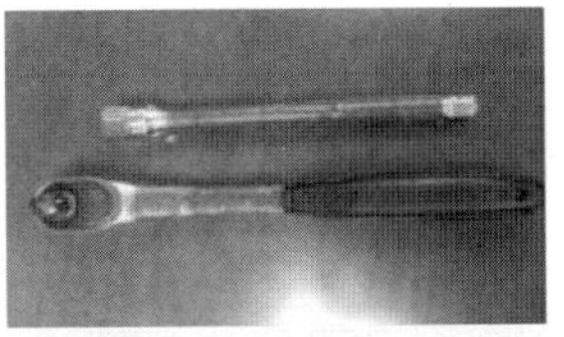

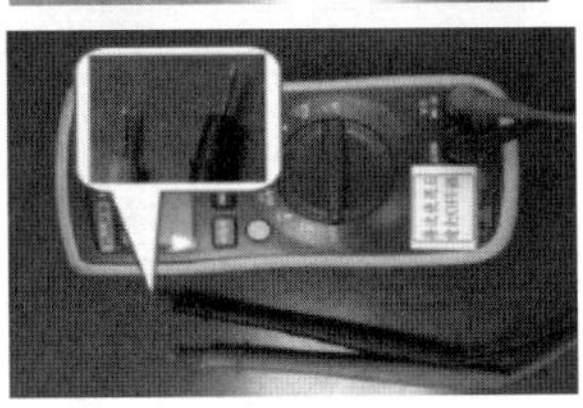

图 4-11　绝缘包扎的工器具图

【控制措施】

（1）无论一次设备处于何种状态，TA 的母差保护二次回路都不允许进行任何工作。

（2）对 TA 其他二次绕组回路工作时，须使用绝缘工器具做好隔离措施，不得造成多点接地，隔离措施应打开停电 TA 的二次回路连片，且短接断口连片的 TA 侧回路，如图 4-12、图 4-13 所示。

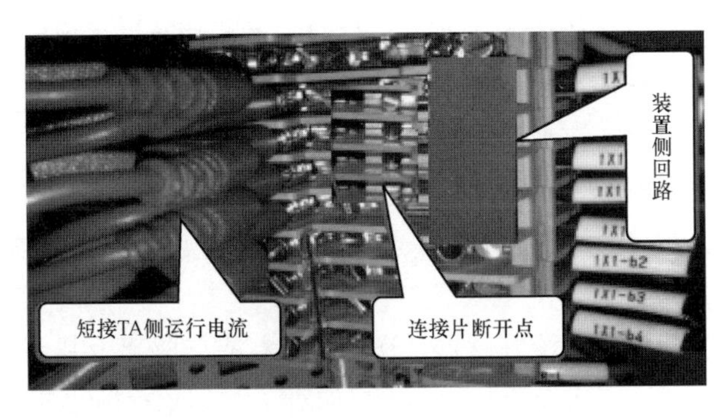

图 4-12　TA 端子箱端子排绝缘隔离措施

完成措施步骤：电流互感器进行预试检修→切除检修 TA 的汇控箱或端子箱端子排处对应的二次电流回路连接片→短接 TA 侧

二次回路。

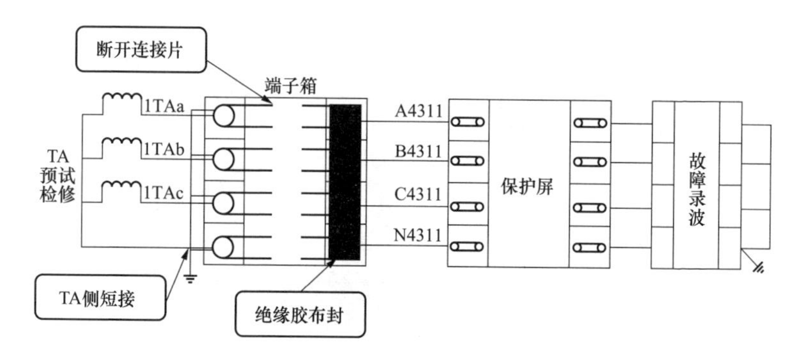

图 4-13　工作设备电流二次回路展开图

（3）在邻近位置工作时须保持足够距离、采用绝缘材料封闭裸露的二次电气部分以防误触碰，如图 4-8、图 4-9 所示。

（4）TA 端子箱、接线盒、就地汇控柜应做可视化风险标识，如图 4-7 所示。

三、变压器的工作

1. 三绕组变压器 TA 的工作（包括继电保护、检修、计量、试验、运行、电测、自动化专业）

【风险】 三绕组变压器在运行时，单侧间隔由于消缺、抢修而停运，如变压器低压侧 TA 更换或检查，施工人员进行升流，将电流加入主变压器差动保护中而动作。

【控制措施】

（1）TA 端子箱、接线盒、就地汇控柜应做可视化风险标识，如图 4-7 所示。

（2）建议对电流互感器二次回路进行有效隔离，其二次措施单建议由一、二次专业共同制定。如对 TA 二次绕组回路工作时，须使用绝缘工器具做好隔离措施，不得造成多点接地，隔离措施应打开停电 TA 的二次回路连片，且短接断口连片的 TA 侧回路，如图 4-12、图 4-13 所示。

2. 变压器采用强迫油循环冷却控制系统的工作（包括检修、继电保护、运行、自动化专业）

【风险】 冷却控制系统全停或引起冷却控制系统工作电压全失（包括临时退出冷却系统全部工作电源），将造成运行主变压器跳闸。

【控制措施】

在主变器冷却控制系统处进行可视化风险提示标识，如粘贴“冷却控制系统全停，存在运行主变压器跳闸风险”标签，如图4-14所示。

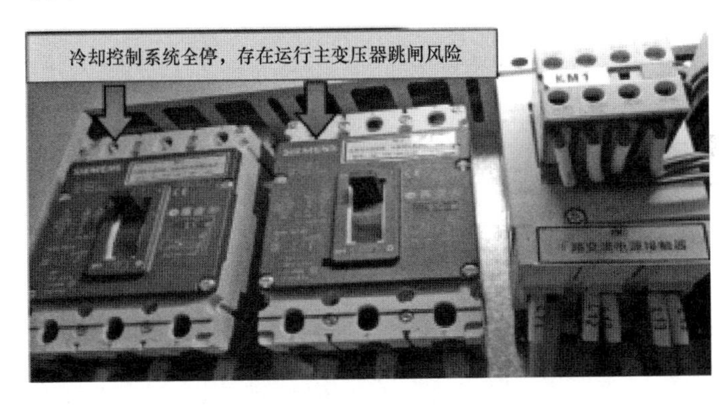

图4-14 冷却控制系统总电源空气开关

根据工作需要，工作前经申请调度同意临时退出主变压器冷却系统全停相关跳闸出口压板，如图4-15所示，工作过程中安排专人关注主变压器温升情况，采取必要降温措施。

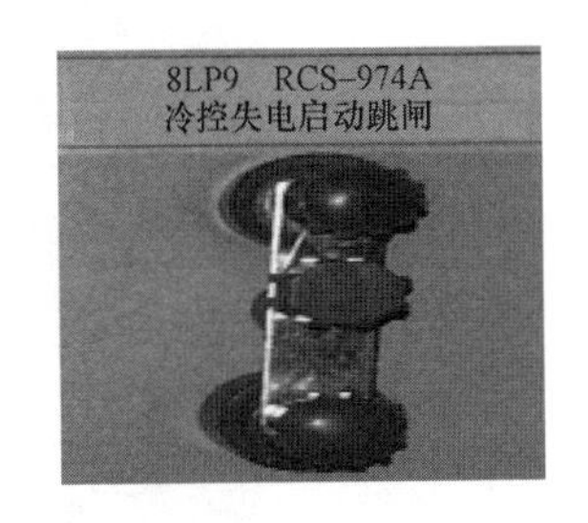

图4-15 冷控失电跳闸出口压板

3. 变压器低压侧双分支变压器变低TA的工作（包括继电保护、检修、计量、试验、运行、电测、自动化专业）

【风险】 某分支检修（部分在停运状态），但接入主变压器差动保护的二次电流回路存在，如对其进行升流等试验，将电流加入差动保护而保护动作。

【控制措施】

（1）TA 端子箱、接线盒、就地汇控柜应做风险标识，如图 4-7 所示。

（2）建议对电流互感器二次回路进行有效隔离，其二次措施单建议由一、二次专业共同制定。如对 TA 二次绕组回路工作时，须使用绝缘工器具做好隔离措施，不得造成多点接地，隔离措施应打开停电 TA 的二次回路连片，且短接断口连片的 TA 侧回路，如图 4-12、图 4-13 所示。

4. 变压器本体温度计、绕组温度计的工作（包括电测、继电保护、检修、运行、自动化专业）

【风险】 对变压器本体温度计、绕组温度计进行维护或消缺等工作时，误碰温度计触点或回路造成主变压器跳闸。

【控制措施】

按照安健环要求在本体温度计、绕组温度计处粘贴“小心误碰，以防造成主变压器跳闸”可视化风险标识。如图 4-16 所示。

图 4-16 主变压器绕组温度计

5. 内桥主接线主变压器的工作（包括电测、继电保护、检修、运行、自动化专业）

【风险】 内桥接线的主变压器本体停电，可能是变压器高压侧引线隔离开关拉开，变压器低压侧断路器分闸而停运主变压器，但进线断路器和100桥断路器可能运行，此时维护变压器低压侧TA可能造成差流（进线与桥断路器TA和电流构成差动），或者本体放油试验或维护本体气体继电器和有载气体继电器等工作使相应保护动作跳开变压器高压侧和100断路器等情况。

【控制措施】

（1）建议对内桥接线的主变压器两侧TA和桥断路器TA端子箱和接线盒做可视化风险标识，如图4-7所示。

（2）主变压器保护屏前粘贴“主变压器停电时，应退出联跳桥断路器出口压板” 可视化风险标识。

（3）本体放油阀、主变压器爬梯、本体气体继电器和有载气体继电器做可视化风险标识，如图4-17、图4-18所示。

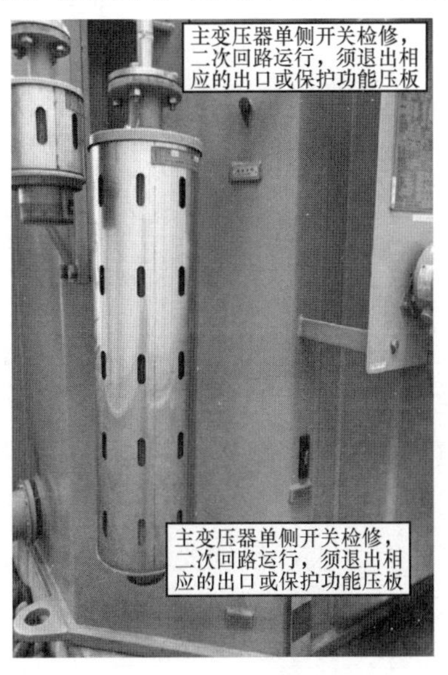

图4-17　标识贴在本体放油阀上端

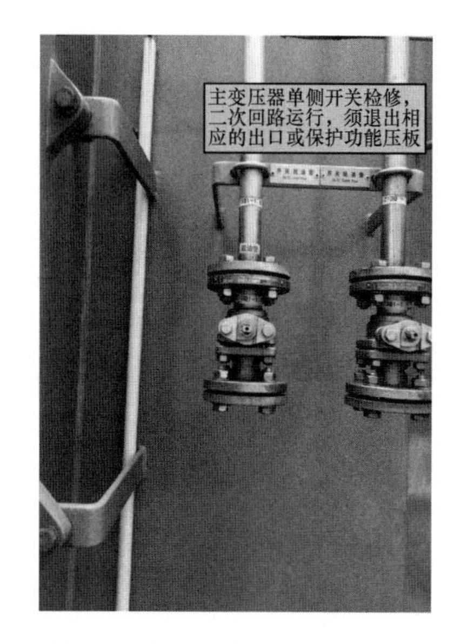

图 4-18　标识贴在有载放油阀上端

四、直流环网电源的工作（包括试验、继电保护、检修、运行、自动化专业）

【风险】 误切直流环网电源导致二次设备及断路器控制电源消失，可能造成断路器拒动。

【控制措施】

在环网电源经过的所有间隔的汇控柜、端子箱做可视化风险标识，如图 4-19 所示。

五、不同间隔之间联切回路的工作（包括继电保护、检修、运行、自动化专业）

【风险】 变电站的 110kV 线路保护存在联切电厂线路；部分主变器间隙保护联切 10kV 上网小电源线路；10kV 系统采用小电阻接地方式变电站的 10kV 接地变压器保护零序保护第一时限 3.3s 跳母联，第二时限 3.6s 跳主变压器变低；主变压器保护联切母联或分段断路器等。

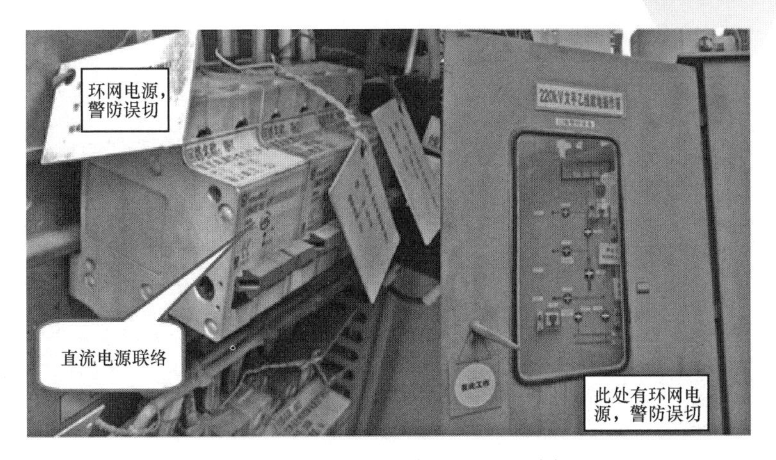

图 4-19　汇控柜、端子箱可视化风险标识

【控制措施】

在进行定检、改定值、抢修消缺等维护工作时，需要清楚联切回路的危险点，确认检查该联切压板在退出状态才允许开展工作，避免发生联切运行设备事故。在相关保护屏做可视化风险标识。

六、断路器的工作（包括试验、继电保护、检修、运行、自动化专业）

【风险 1】 因误碰或震动造成运行中断路器机构内三相不一致继电器误动跳开断路器。

【控制措施】

在三相不一致继电器旁进行可视化风险标识，如粘贴“三相不一致继电器，触碰存在断路器跳闸风险” 可视化风险标识，如图 4-20 所示。

三相不一致继电器前加装透明挡板或防护罩，工作中采取防震动和防误碰措施，采取防止机构箱、端子箱门撞击的措施，必要时安排专人扶持箱门。

【风险 2】 因误碰或撞击运行中断路器机构内分、合闸线圈造成断路器误跳闸。

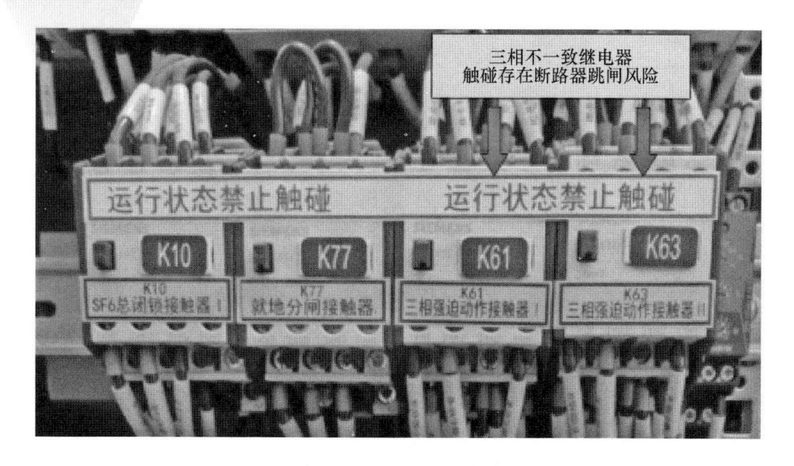

图 4-20　三相不一致继电器

【控制措施】

运行断路器机构箱内相关工作应采取防震动和防误碰措施，采取防止机构箱门撞击等措施，必要时安排专人扶持箱门，如图4-21 所示。

图 4-21　断路器机构分、合闸线圈

【风险 3】 更换分、合闸线圈、断路器特性测试等工作，回路接线错误，造成烧毁分、合闸线圈导致断路器拒合或拒分。

【控制措施】

（1）必须以与现场一致的二次接线图纸为依据进行拆接线，

严格执行二次安全措施单，临时解除的接线应用绝缘胶布及时包扎并固定。

（2）工作前确保工作电源可靠断开，正确选择万用表档位，确认回路已无电压后再进行相关试验。

（3）严格按线圈额定电压进行加压试验，严禁长时间加压并做好防止直流电源输出端子误碰的相关措施。

【风险 4】 断路器机构内二次回路拆接等相关工作，存在直流接地风险。

【控制措施】

（1）工作前断开操作、储能、保护、测控等相关直流电源空气开关，部分无法断开电源的二次回路作业中应及时做好带电作业的绝缘隔离。

（2）工作前必须使用万用表逐一测量各二次回路电压情况，测量时应正确选择万用表电压挡位，测量表笔金属裸露部位应采取绝缘包扎等措施。作业中应使用绝缘包裹良好的工器具，如图 4-11 所示。

（3）严格执行二次安全措施单进行详细记录并恢复，临时解除的接线应用绝缘胶布及时包扎并固定，防止造成短路或接地。

【风险 5】 恢复断路器机构内二次接线不正确，造成断路器拒动或保护装置异常。

【控制措施】

（1）临时拆接线必须严格执行二次安全措施单进行详细记录并逐一恢复，禁止漏项。临时解除的接线应用绝缘胶布及时包扎并固定，防止造成短路或接地。

（2）根据相关图纸资料核实变动的回路接入情况与图纸一致，检查回路接入紧固，不存在松动、接触不良等情况。

七、电动隔离开关机构及端子箱的工作（包括试验、继电保护、检修、运行、自动化专业）

各类隔离开关均有五防及电气闭锁，要求不进行隔离开关操作时，隔离开关电动电源空气开关应断开。

【风险】施工作业过程中接通隔离开关电机电源导致误操作。

【控制措施】

对工作范围内存在绝不允许操作的隔离开关（包括接地隔离开关），为彻底断开电机电源，防止断开点被接通，切开电源空气开关后在空气开关表面增加防护罩或在最接近电机的二次回路处解开接线，并在空气开关及解线处做好标识（用绝缘胶布包扎并清楚注明）等，如图 4-22 所示。

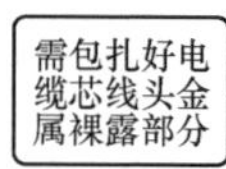
需包扎好电
缆芯线头金
属裸露部分

状态警示牌
禁止接入

图 4-22　接线处标识

八、可能影响稳控装置及系统的工作（包括继电保护、运行、自动化专业）

【风险 1】 如接入安全稳定装置二次电流回路为各间隔的独立 TA，但其使用电流量和电压量计算各间隔（含主变压器和线路）功率，其中主变压器间隔还通过设置变压器中压侧电流启动值来防误，而线路间隔虽然没有校正防误，但两点接地造成的不大于 0.2A 电流不会造成稳定控制装置的过载动作，也不会向执行站发送减载命令。

【控制措施】

①相关的 TA 端子箱及接线盒应做风险标示，如图 4-7 所示。

②如有新增风险请联系相关专业和职能管理部门进行审核修编。

【风险 2】 如安全稳定装置二次电流回路串接其他运行装置，

该电流回路上的停电作业存在误动运行设备风险。

【控制措施】

安全稳定装置屏柜内应贴有 TA 二次电流回路走向图，如图 4-23 所示。

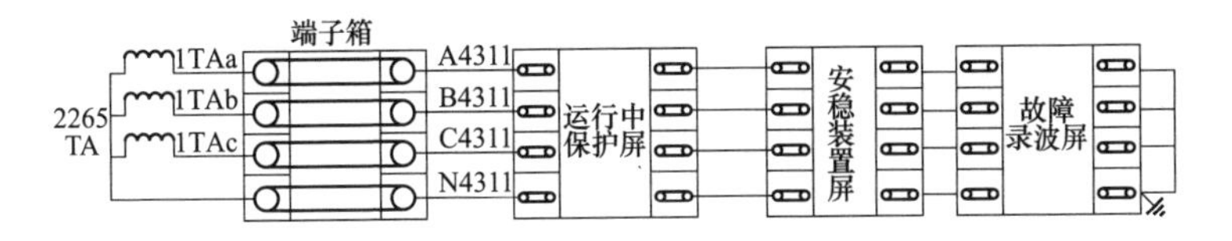

图 4-23　电流回路走向示意图

作业前应使用专用短接片或短接线在安全稳定装置屏端子排处运行中保护屏侧对 TA 二次电流回路进行正确短接，并使用专用钳形电流表对回路进行验电，确保短接正确可靠后再实施打开连接片。打开所在屏柜上的二次电流输入、输出回路连接片，再短接二次电流输出回路安全稳定装置侧端子，并用绝缘胶布密封非工作侧电流端子。如图 4-24、图 4-25 所示。

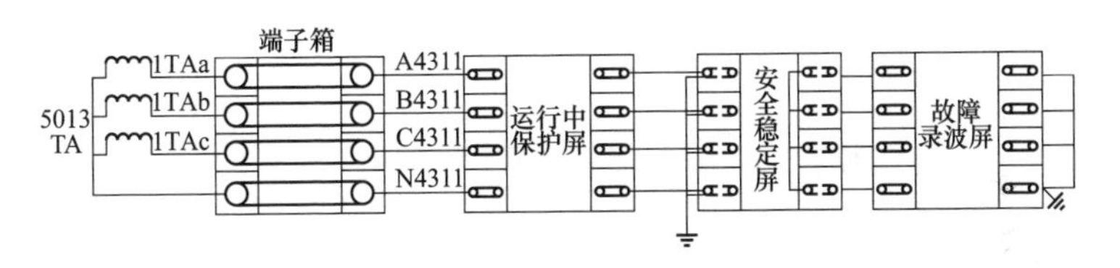

图 4-24　电流回路短接示意图

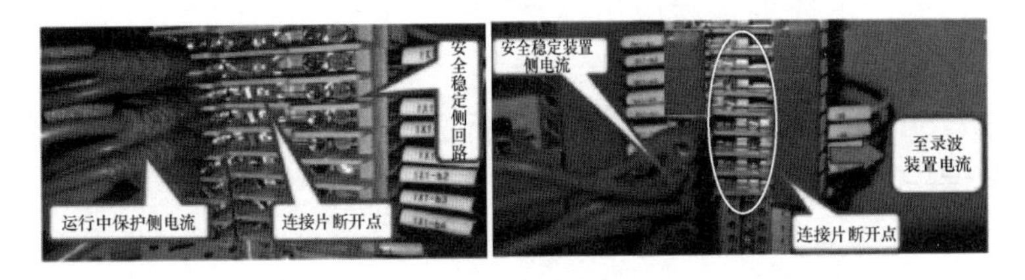

图 4-25　短接安全稳定装置输入、输出二次电流措施图

完成措施步骤：短接安全稳定装置运行中保护侧 TA 二次电

流回路→专用钳形电流表对回路进行验电，确保短接正确可靠后再实施打开连接片→短接二次电流输出回路安全稳定装置侧端子→专用钳形电流表对回路进行验电，确保短接正确可靠后再实施打开连接片→用绝缘胶布密封安稳装置侧端子。

【控制措施】

作业前应使用专用短接片或短接线在安全稳定装置屏二次电流输入、输出端子外侧将同一相别分别进行跨接，通过使用钳形电流表和查看装置电流采样确认电流确已可靠跨接后，打开工作设备所在屏柜上的二次电流输入、输出回路连接片，短接二次电流输出回路装置侧端子，如图 4-26 所示。

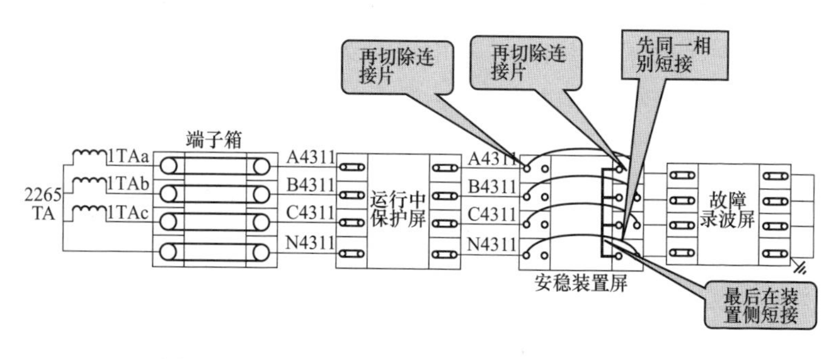

图 4-26　二次电流输入、输出端子同一相别跨接

实施断开 TA 二次电流回路或解除 TA 二次电流回路接线等隔离措施时，严格执行二次安全措施单进行详细记录并恢复，临时解除的接线应用绝缘胶布及时包扎并固定，防止造成接地。

九、500kV 3/2 断路器方式下边断路器或中断路器转检修（继电保护、运行、自动化专业）

500kV 3/2 断路器方式下边断路器或中断路器转检修时，（断路器状态切换把手控制开关应同步转至对应检修断路器位置。如图 4-27 所示，中断路器检修的位置。

图 4-27　中断路器检修切换把手位置

十、220kV 双母双分段接线方式（包括继电保护、运行、自动化专业）

主变压器 220kV 侧从Ⅱ母线倒至Ⅰ母线后，应同步投入主变压器主Ⅰ、主Ⅱ保护联跳Ⅰ母线的分段断路器压板，并退出Ⅱ母线的分段断路器压板，防止主变压器保护联跳不正确，如图 4-28 所示。

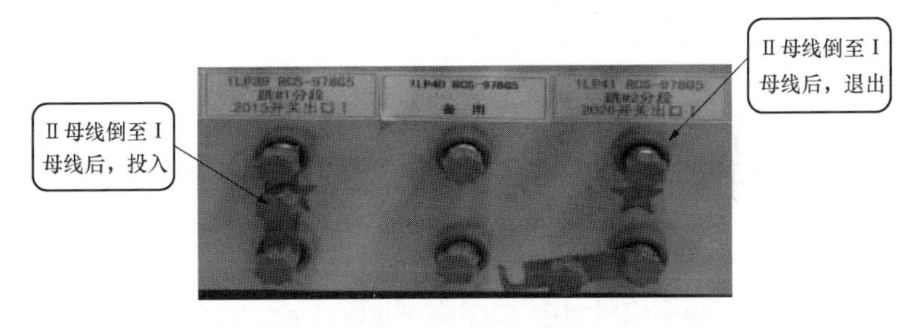

图 4-28　投入、退出分段断路器压板

十一、安全自动装置的运行、检修、旁路代路压板投退必须与对应的线路及主变压器实际运行状态一致（包括继电保护、运行、自动化专业）

（1）除试运行和投信号状态外，安全自动装置的元件允切压板与出口压板应遵循“同投同退”原则：在投入元件出口压板时，应同时投入对应元件的允许切跳压板；在退出元件出口压板时，应同时退出对应元件的允许切跳压板。如图 4-29 所示。

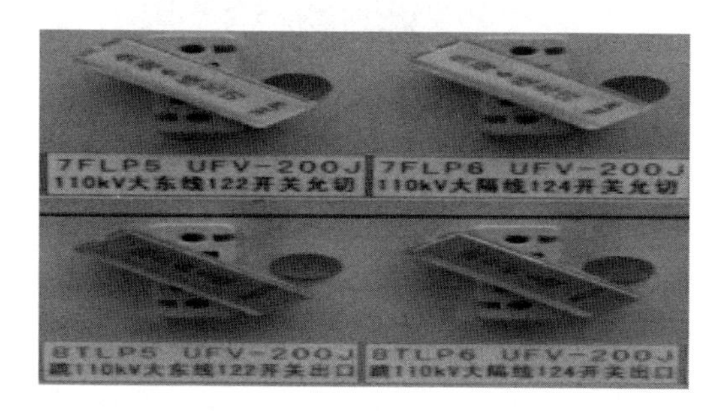

图 4-29　安全自动装置中允切压板与出口压板

（2）安全自动装置的线路、主变压器和母线运行压板与检修压板的投退操作须遵循“先投后退”原则。如图 4-30 所示。

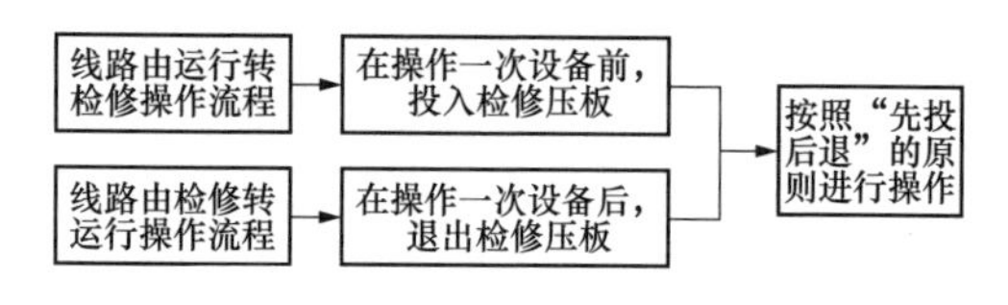

图 4-30　先投后退

（3）安全自动装置在旁路开关代路时，旁代压板须遵循“先投先退”原则。如图 4-31 所示。

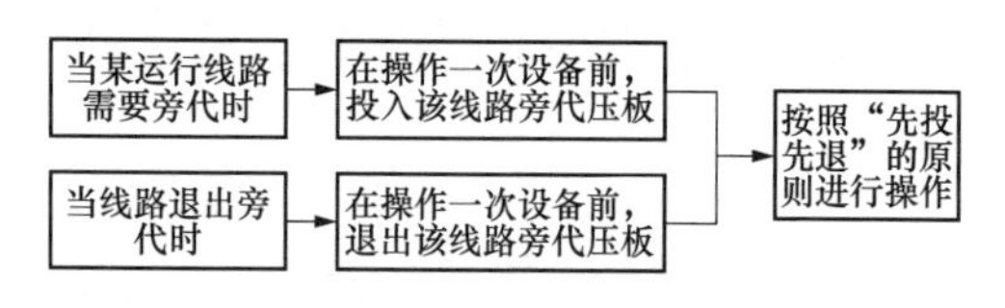

图 4-31　先投先退

十二、可能影响各类备用电源自动投入装置的工作（包括继电保护、运行、自动化专业）

【风险 1】 500kV 变电站、220kV 变电站、110kV 变电站等

的各级备用电源自动投入装置，其充电、动作条件均有几个条件同时满足才能完成，其中之一满足不至于造成动作，其他专业的工作造成某一条件满足，也能在备用电源自动投入装置中显示告警信息。

【控制措施】

继电保护专业工作有相应隔离措施和二次措施单等要求，如有新增风险请联系相关专业和职能管理部门进行审核修编。

【风险 2】 如备用电源自动投入装置二次电流回路串接其他运行装置，该电流回路上的停电作业存在误动运行设备风险。

【控制措施】

作业前应使用专用短接片或短接线在备用电源自动投入装置屏端子排处运行中保护屏侧对 TA 二次电流回路进行正确短接，并使用专用钳形电流表对回路进行验电，确保短接正确可靠后再实施断开连接片。切除所在屏柜上的二次电流输入、输出回路连接片，再短接二次电流输出回路备用电源自动投入装置侧端子，并用绝缘胶布密封非工作侧电流端子，如图 4-24、图 4-25 所示。

十三、可能影响低频低压减载的工作（包括继电保护、运行、自动化专业）

【风险】 目前的低频低压减载功能在 220kV 变电站的稳定控制装置实现以低频、低压为动作条件，并配有滑差闭锁，有联切回路。

【控制措施】

在屏前压板已有标示，二次工作依据二次措施单实施，如有新增风险请联系相关专业和职能管理部门进行审核修编。

十四、涉及光纤差动保护的线路代路、迁改工作（包括继电保护、运行、通信、自动化专业）

【风险】 目前部分 110kV 线路配置光纤差动保护，当一侧代路或迁改（线路迁改但保留原光纤差动保护通道），如不退出两侧的光纤差动保护功能，可能造成差动保护跳闸。

【控制措施】

在停电检修单加上识别线路是否配置光纤差动保护的项目，由变电站识别、报送，调度继保审批时确认情况并提出退出光纤差动保护的专业要求，变电站停电时按调度要求执行退保护的措施。

十五、主变压器代路或送电等操作（包括继电保护、运行专业）

【风险 1】 操作前由于主变压器差动保护未能有效退出（如北京四方 CSC-326G 主变压器保护必须控制字及压板均退出）而引起差动保护动作跳闸。

【风险 2】 500kV 主变压器变中断路器合闸前电压互感器二次空气开关未投上，送电后因采样电压为零引起主变压器阻抗保护动作跳闸。

【控制措施】

辨识必须退出控制字及压板的保护厂家型号，在现场做好明显的标识及说明；完善操作票样板票库，核实操作步骤正确性，刚性执行操作票。

十六、断路器、隔离开关现场多班组作业（包括继电保护、检修、试验、运行、自动化专业）

【风险 1】 控制回路通电或传动分、合断路器、隔离开关，可能对检修人员造成人身伤害，或对设备造成损害。

【风险 2】 误合一经合闸即带电的隔离开关或接地隔离开关造成系统冲击、设备损害，甚至可能造成人身伤害。

【控制措施】

规范多班组作业现场管理，必要时设置专职监护人；各班组应配合运行人员评估现场作业风险，风险不可控的应取消多班组作业；断路器、隔离开关的操作必须由运行人员负责，其他专业人员不得擅自分合；断路器、隔离开关机构箱的“远方/就地”切换把手必须置“就地”位置，控制电源、电机电源必须断开且有明显断开点，需有明显标示及措施以防误合。

十七、500kV 线路双回高压电抗器停电检修（包括继电保护、检修、计量、试验、运行、电测、自动化专业）

【风险】 线路仍在运行的情况下高压电抗器停电检修，可能引起高压电抗器瓦斯保护、差动保护动作跳运行线路断路器。

【控制措施】

高压电抗器停电检修时退出高压电抗器所有保护跳闸压板、远跳压板，必要时切断高压电抗器保护电源、控制电源。

十八、通信作业（通信专业）

【风险 1】 光缆走向指示不清晰，容易被误断。

【控制措施】

完善图纸，按规范要求做好光缆走向标识。

光缆从龙门架引下至站内电缆沟的地埋部分应采用镀锌钢管光缆外套管或建设电缆沟，并在地埋光缆段的路径上增加标示桩。如图 4-32 所示。

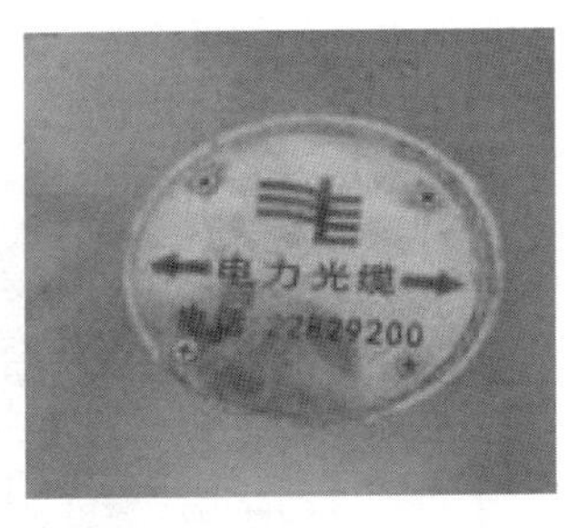

图 4-32　标示桩

光缆架空段、引下钢管段、地埋管道等光缆段应挂有清晰标示牌，地埋光缆段设置清晰可见的标示桩。如图 4-33 所示。

涉及光缆施工的组织单位对现场勘察，进行光缆运行风险辨识，制定保护光缆的安全措施，并对施工单位落实安全技术交底工作。

【风险 2】 架空光缆迁改施工，存在误断其他运行光缆的风险。

图 4-33　标示桩

【控制措施】

涉及光缆施工的组织单位需对现场勘察，对迁改光缆进行现场核实，进行光缆运行风险辨识，制定保护光缆的安全措施，并对施工单位落实安全技术交底工作。

涉及光缆的施工方案须经电力调度控制中心通信专业会签，并制定光缆中断的抢修应急处理方案。

工作前后需与通信调度申请办理开工和终结手续。

光缆架空段熔接头、余缆架应挂有清晰标示牌。如图 4-34 所示。

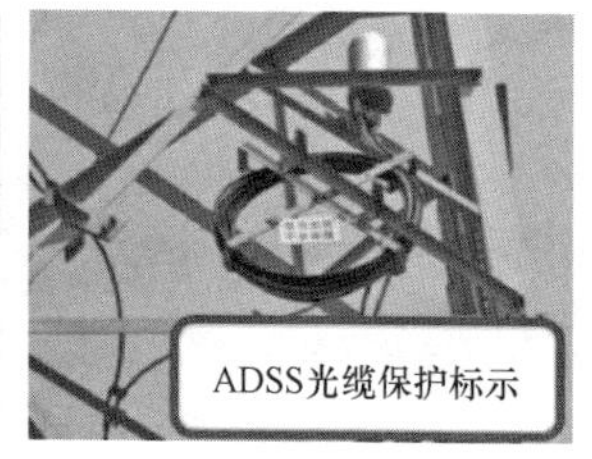

图 4-34　光缆保护标示

【风险 3】 通信专业人员作业误断保护、稳控系统通道，造成主保护或稳定控制系统退出运行，甚至拒动。

【控制措施】

通信专业作业需要切断装置电源或通道的，必须根据图实核证是否影响保护及稳定控制系统，如有影响必须联系相关专业落实应对措施。

第二节　跨专业二次回路作业风险库

“跨专业作业”是指在各专业设备分界点上进行的使邻近二次设备及回路暴露于作业环境中的作业，其风险是导致继保、安全自动装置或二次设备不正确动作。

为了规范“跨专业作业”安全技术措施，防范现场跨专业作业造成人身、电网或设备事故事件，基于作业风险评估方法建立跨专业作业风险库，编制并每年定期修编“二次回路跨专业作业风险库”，并根据年度工作计划组织各专业修编“二次回路跨专业作业风险库”，针对当年工作计划的设备及作业辨识是否涉及二次回路，并对其提出控制措施。

1. 检修专业二次回路作业风险库

工作内容	危险点	控　制　措　施	涉及专业
220～500kV变电站断路器防拒动检查、更换防爆膜或本体大修	220～500kV场地断路器端子箱隔离开关二次回路	（1）断开交、直流电源 （2）避免误合两侧隔离开关，对断路器端子箱内关于母线侧隔离开关的电动分、合闸回路进行隔离，对隔离开关电动空气开关进行封盖，工作地点不得涉及母线侧隔离开关操动机构箱	无要求
	220～500kV断路器本体端子箱内二次回路	（1）本体端子箱内的端子排的带电回路进行封贴隔离，拆解二次回路接线必须使用二次措施单。辅助接点的调整必须经过调试传动才能投运。 （2）在汇控柜三相不一致继电器旁进行可视化风险提示标识，如粘贴“三相不一致继电器，触碰存在断路器跳闸风险”可视化标识并在三相不一致继电器前加装透明挡板或防护罩	无要求
断路器机构更换	二次回路未有效隔离，存在直流接地风险	（1）工作前断开操作、储能、保护、测控等相关直流电源空气开关，部分无法断开电源的二次回路作业中应及时做好带电作业的绝缘隔离。	继电保护协助

续表

工作内容	危险点	控制措施	涉及专业
断路器机构更换	二次回路未有效隔离，存在直流接地风险	（2）工作前必须使用万用表逐一测量各二次回路 电压情况，测量时应正确选择万用表电压挡位，测量表笔金属裸露部位应采取绝缘包扎等措施。作业中应使用绝缘包裹良好的工器具。 （3）严格执行二次安全措施单进行详细记录并恢复，临时解除的接线应用绝缘胶布及时包扎并固定，防止造成短路或接地	继电保护协助
	回路接线恢复不正确，存在保护装置异常或断路器拒动风险	（1）临时拆接线必须严格执行二次安全措施单进行详细记录并逐一恢复，禁止漏项。临时解除的接线应用绝缘胶布及时包扎并固定，防止造成短路或接地。 （2）根据相关图纸资料核实变动的回路接入情况与图纸一致，检查回路接入并紧固，不存在松动、接触不良等情况	继电保护协助
断路器机械特性测试	回路接线恢复不正确，存在断路器拒动风险	（1）拆接线必须以与现场一致的二次接线图纸为依据，严格执行二次安全措施单进行详细记录并恢复，临时解除的接线应用绝缘胶布及时包扎并固定。 （2）工作前确保工作电源可靠断开，正确选择万 用表档位，确认回路已无电压后再进行相关试验。 （3）严格按线圈额定电压进行加压试验，严禁长时间加压并做好防止直流电源输出端子误碰的相关措施	继电保护协助
分、合闸线圈更换	回路接线恢复不正确，存在开关拒动风险	（1）拆接线必须以与现场一致的二次接线图纸为依据，严格执行二次安全措施单进行详细记录并恢复，临时解除的接线应用绝缘胶布及时包扎并固定。 （2）工作前确保工作电源可靠断开，正确选择万用表档位，确认回路已无电压后再进行分、合闸线圈更换。 （3）更换后严格按线圈额定电压进行加压试验，严禁长时间加压并做好防止直流电源输出端子误碰的相关措施	继电保护协助

续表

工作内容	危险点	控制措施	涉及专业
220～500kV变电站主变压器冷却系统维护	变压器主变压器冷却系统全停，存在运行主变压器跳闸风险	（1）在主变压器冷却控制系统处粘贴“冷却控制系统全停，存在运行主变压器跳闸风险”可视化风险标识。 （2）工作前经申请调度同意临时退出主变压器冷却系统全停相关跳闸出口压板，工作过程中安排专人关注主变压器温升情况，采取必要降温措施	无要求
220～500kV主变压器辅助部件（气体继电器、调压装置、滤油装置、油泵、呼吸器等）的维护	工作将产生气体、油流等情况，存在本体/有载重瓦斯动作跳闸风险	（1）作业前经申请调度同意临时退出“本体重瓦斯”或“有载重瓦斯”功能压板的防误措施。 （2）工作结束后恢复投入“本体重瓦斯”或“有载重瓦斯”功能压板前核实无任何瓦斯动作信号或瓦斯动作信号已手动恢复。 （3）工作结束后投入“本体重瓦斯”或“有载重瓦斯”出口压板前应用万用表测量压板输出端无电压	继电保护确认
主变压器更换冷却控制箱，增加自动控制功能	冷却系统二次回路	（1）工作前应检查冷却系统二次回路断电，接触前必须用交、直流电压表重复检查，确保无电压，解线后必须立即包扎。 （2）拆接线必须严格执行二次安全措施单进行详细记录并恢复，临时解除的接线应用绝缘胶布及时包扎并固定	无要求
内桥接线的主变压器检修或辅助部件（气体继电器、调压装置、滤油装置、油泵、呼吸器等）的维护，但进线断路器和100桥断路器可能运行	联跳内桥断路器	（1）主变压器两侧TA和桥断路器TA端子箱和接线盒做风险可视化标识，粘贴“主变器停电时，TA二次回路运行，触碰存在保护误动风险” 可视化标识。 （2）主变压器保护屏前粘贴“主变压器停电时，应退出联跳桥断路器出口压板”可视化标识。 （3）本体放油阀、主变压器爬梯、本体气体继电器和有载气体继电器做风险可视化标识，黏贴“主变器停电时，二次回路运行，须退出相应的出口或保护功能压板”可视化标识	继电保护确认
500kV TA更换或大修	误碰二次电流回路造成多点接地、分流	（1）在TA二次接线盒（柱）上进行风险可视化提示标识，如粘贴“一次设备检修，TA二次回路运行，可能触碰，须办理二次措施单或采取其他防误触碰措施”标签。	继电保护确认

续表

工作内容	危险点	控制措施	涉及专业
500kVTA 更换或大修	或窜入电流，存在线路、主变压器、母差、安全自动等保护误动风险	（2）在临近二次电流回路区域（如 TA 接线柱、TA 端子排等）开展与电流回路无关的作业，作业前应对 TA 接线柱、端子排等非工作区域做好绝缘封闭隔离。 （3）作业内容涉及或影响到二次电流回路时，应根据工作需要解除 TA 二次接线盒（柱）上或端子排处 TA 二次电流回路接线或打开 TA 二次电流回路连接片等隔离措施。严格执行二次安全技术措施单，解除的接线应用绝缘胶布及时包扎并固定，并使用绝缘包好的工器具	继电保护确认
	误将试验量加入二次电流回路中，存在保护误动风险	二次电流回路除接入本间隔的保护外，还接入母差、稳定控制、备用电源自动投入等运行装置时，作业前应解除 TA 二次接线盒（柱）上接线或打开端子排处 TA 二次电流回路连接片等进行隔离，正确短接 TA 侧电流回路端子，并用绝缘胶布密封保护侧电流回路端子。严格执行二次安全技术措施单，解除的接线应用绝缘胶布及时包扎并固定	继电保护确认
	二次电流回路接线恢复不正确	实施二次电流回路隔离措施时，严格执行二次安全技术措施单进行详细逐项记录，恢复时必须按照该二次措施单逐项执行，禁止漏项	继电保护确认
500kVTA 漏气进行处理，更换石墨防爆膜及密封圈	TA 接线盒内二次回路	（1）在 TA 二次接线盒（柱）上进行风险可视化提示标识，如黏贴“一次设备检修，TA 二次回路运行，可能触碰，须办理二次措施单或采取其他防误触碰措施”标签。 （2）在临近二次电流回路区域（如 TA 接线柱、TA 端子排等）开展与电流回路无关的作业，作业前对 TA 接线柱、端子排等非工作区域做好绝缘封闭隔离	继电保护确认
500kVTA 接线盒防潮处理或接线柱维护	TA 接线盒内二次回路	（1）在 TA 二次接线盒（柱）上进行风险可视化提示标识，如黏贴“一次设备检修，TA 二次回路运行，可能触碰，须办理二次措施单或采取其他防误触碰措施”标签。 （2）在临近二次电流回路区域（如 TA 接线柱、TA 端子排等）开展与电流回路无关的作业，作业前对 TA 接线柱、端子排等非工作区域做好绝缘封闭隔离。	继电保护确认

续表

工作内容	危险点	控 制 措 施	涉及专业
500kVTA 接线盒防潮处理或接线柱维护	TA 接线盒内二次回路	（3）作业内容涉及或影响到二次电流回路时，应根据工作需要在 TA 二次接线盒（柱）上或端子排处实施解除 TA 二次电流回路接线或打开 TA 二次电流回路连接片等隔离措施。严格执行二次安全技术措施单，解除的接线应用绝缘胶布及时包扎并固定，并使用绝缘包好的工器具。 （4）作业前对非工作对象的二次电流回路区域（如 TA 接线柱、TA 端子排等）做好绝缘密封隔离，根据工作需要预留开放工作对象及相关端子排区域	继电保护确认
500kVTA 二次接线盒或端子箱外壳更换	TA 接线盒内或端子箱内二次回路	（1）拆除旧接线盒时，应使用绝缘材料做好隔离措施，保护好裸露的二次电气部分以防误触碰。 （2）接线盒应做可视化风险标识，如黏贴“一次设备检修，TA 二次回路运行，可能触碰，须办理二次措施单或采取其他防误触碰措施”标签。 （3）严格按照作业指导书开展 TA 二次回路验收	无要求
10～220kV TA 更换或大修	误碰二次电流回路造成多点接地、分流或窜入电流，存在母差、安全自动等保护误动风险	（1）作业前对非工作对象的二次电流回路区域（如 TA 接线柱、TA 端子排等）做好绝缘密封隔离，根据工作需要预留开放工作对象及相关端子排区域，防止误碰二次电流回路。 （2）实施解除 TA 二次电流回路接线或打开 TA 二次电流回路连接片等隔离措施时，严格执行二次安全技术措施单进行详细逐项记录，临时解除的接线应用绝缘胶布及时包扎并固定，防止造成接地，使用绝缘包裹良好的工器具	继电保护确认
	误将试验量加入二次电流回路中，存在保护误动风险	二次电流回路除接入本间隔的保护外，还接入母差、稳定控制、备用电源自动投入等运行装置时，作业前在 TA 二次接线盒（柱）上或端子排处断开 TA 二次电流回路等隔离措施，正确短接 TA 侧电流回路端子，并用绝缘胶布密封保护侧电流回路端子。严格执行二次安全技术措施单，解除的接线应用绝缘胶布及时包扎并固定	继电保护确认

续表

工作内容	危险点	控制措施	涉及专业
10～220kV TA 更换或大修	二次电流回路接线恢复不正确	实施二次电流回路隔离措施时，严格执行二次安全技术措施单进行详细逐项记录，恢复时必须按照该二次措施单逐项执行，禁止漏项	继电保护确认
10～220kV TA 接线盒防潮处理或接线柱维护	误碰二次电流回路造成多点接地、分流或窜入电流，存在母差、安全自动等保护误动风险	（1）作业前对非工作对象的二次电流回路区域（如 TA 接线柱、TA 端子排等）做好绝缘密封隔离，根据工作需要预留开放工作对象及相关端子排区域，防止误碰二次电流回路。 （2）实施解除 TA 二次电流回路接线或断开 TA 二次电流回路等隔离措施时，严格执行二次安全技术措施单进行详细逐项记录，临时解除的接线应用绝缘胶布及时包扎并固定，防止造成接地，使用绝缘包裹良好的工器具	继电保护确认
TA 二次接线板渗漏处理	接线板回复不当造成二次电流回路造成多点接地、分流或窜入电流，存在主变、母差、安全自动等保护误动风险	（1）检查 TA 二次接线板背面各接线柱回路紧固，不存在接线松动情况，各接线柱的接线间应预留一定空隙，防止造成回路短接或触碰外壳接地。 （2）TA 二次接线板恢复固定后，逐一对每一接线柱进行绝缘检查	继电保护确认
	二次电流回路接线恢复不正确	实施二次电流回路隔离措施时，严格执行二次安全技术措施单进行详细逐项记录，恢复时必须按照该二次措施单逐项执行，禁止漏项	继电保护确认
电压互感器（TV）更换或大修	误将试验量加入二次电压回路中，存在保护误动风险	（1）进行电压互感器一次加压试验前，应采用断开空气开关、切除连接片或拆除接线等物理隔离措施，严格执行二次安全措施单，解除的接线应用胶布及时包扎并固定。 （2）通过电压互感器二次侧电压回路进行加量试验前，应采用断开空气开关、切除连接片或拆除接线等措施，实现 TV 至保护侧的二次回路物理隔离，严格执行二次安全措施单，解除的接线应用绝缘胶布及时包扎并固定。	继电保护确认

续表

工作内容	危险点	控制措施	涉及专业
电压互感器（TV）更换或大修	误将试验量加入二次电压回路中，存在保护误动风险	（3）接入试验线前必须用万用表测量待接端子确无电压后才可进行。测量时应正确选择万用表电压挡位，测量表笔金属裸露部位应采取绝缘包扎等措施	继电保护确认
	二次电压回路恢复不正确，存在TV短路或保护误动风险	（1）作业前对非工作区域的电压空气开关、二次电压回路及其端子排做好绝缘封闭隔离措施，根据工作需要预留开放工作对象及相关端子排区域，防止误碰误断运行中二次电压回路。 （2）TV二次电压回路的临时拆接线、断开连片、空气开关等隔离措施，严格执行二次安全措施单。解除的接线应用绝缘胶布及时包扎并固定。 （3）一次设备合闸送电前，必须核实对应所有电压空气开关已正确投入，确认无误后再操作送电	继电保护确认
110～500kV变电站母线TV SF_6气体泄漏处理	TV接线盒内二次回路	（1）工作前核实TV二次回路空气开关已断开； （2）处理TV气体泄漏时，应检查是否会误碰TV二次接线柱或端子，造成二次回路短接或接地。必要时应将TV二次接线柱或端子进行绝缘封闭	无要求
电压互感器接线盒防潮处理或接线柱维护	误碰二次电压回路造成TV短路或二次电压回路多点接地，存在保护误动风险	（1）在临近TV回路区域（如TV接线柱、TV端子排等）开展与二次电压回路无关的作业时，应对TV接线柱、TV端子排等非工作区域做好绝缘隔离。 （2）实施断开TV二次电压回路或解除TV二次电压回路接线等隔离措施时，严格执行二次安全措施单，解除的接线应用绝缘胶布及时包扎并固定，使用包裹好的工具。 （3）测量电压回路时按照测试内容正确选择万用表档位，测量表笔金属裸露部位应采取绝缘包扎等措施	无要求
	二次电压回路恢复不正确，存在TV短路或保护误动风险	（1）作业前对非工作区域的电压空气开关、二次电压回路及其端子排做好绝缘封闭隔离措施。根据工作需要预留开放工作对象及相关端子排区域，防止误碰误断运行中二次电压回路。	无要求

续表

工作内容	危险点	控制措施	涉及专业
电压互感器接线盒防潮处理或接线柱维护	二次电压回路恢复不正确，存在TV短路或保护误动风险	（2）TV二次电压回路的临时拆接线、断开连片、空气开关等隔离措施，严格执行二次安全措施单。解除的接线应用绝缘胶布及时包扎并固定。 （3）一次设备合闸送电前，必须核实对应所有电压空气开关已正确投入，确认无误后再操作送电	无要求
更换互感器SF_6压力表及其不锈钢防雨罩	互感器SF_6压力表及二次回路	互感器SF_6设备SF_6表计接入报警信号或闭锁回路，接触前必须用交、直流电压表重复检查，确保无电压，解线后必须立即包扎	无要求
隔离开关操动机构元件老化而更换	隔离开关机构箱内二次回路	（1）隔离开关、接地隔离开关机构箱检修，箱内隔离开关辅助触点，可能接入其他间隔的闭锁回路，接触二次接线时，必须用交、直流电压表重复检查，确保无电压，解线后必须立即包扎。 （2）隔离开关、接地隔离开关机构箱外部接线未全部拆除时，谨慎使用万用表电阻挡进行测量，避免造成直流接地或短路	无要求
110～500kV主变器本体油表更换	油位表二次回路	主变器油位表接入报警信号或闭锁回路，接触前必须用交、直流电压表重复检查，确保无电压，解线后必须立即包扎好	无要求

2. 试验专业二次回路作业风险库

工作内容	危险点	控制措施	涉及专业
断路器预试	断路器分合闸线圈所在回路、断路器分合闸操作电源回路	（1）专人监护；测量直流电压回路时注意万用表档位正确；工作前负责人查找相关的二次图纸，经继电保护人员进一步核实后再开始工作。 （2）工作中要有防止二次回路误触碰的措施，工作端子相邻位置封贴红色绝缘胶带、接端子前呼唱确认	无要求
母线CVT预试	CVT二次绕组所在回路	专人监护；解开二次接线时需做好标记，并拍照；实行谁解线谁恢复的原则，恢复二次接线并检查无误后，拍照存档	继电保护确认

续表

工作内容	危险点	控制措施	涉及专业
TA 耐压试验	误将试验量加入二次电流回路中，存在保护误动风险	二次电流回路除接入本间隔的保护外，还接入母差、稳定控制、备用电源自动投入等运行装置时，作业前在 TA 二次接线盒（柱）上或端子排处断开 TA 二次电流回路等隔离措施，正确短接 TA 侧电流回路端子，并用绝缘胶布密封保护侧电流回路端子。严格执行二次安全技术措施单，解除的接线应用绝缘胶布及时包扎并固定	无要求
三相电容式电压互感器介损试验	误将试验量加入二次电压回路中，存在保护误动风险	（1）进行电压互感器一次加压试验前，应采用断开空气开关、切除连接片或拆除接线等物理隔离措施，严格执行二次安全技术措施单，解除的接线应用胶布及时包扎并固定。 （2）通过电压互感器二次侧电压回路进行加量试验前，应采用断开空气开关、切除连接片或拆除接线等措施，实现 TV 至保护侧的二次回路物理隔离，严格执行二次安全措施单，解除的接线应用绝缘胶布及时包扎并固定。 （3）接入试验线前必须用万用表测量待接端子确无电压后才可进行，测量时应正确选择万用表电压挡位，测量表笔金属裸露部位应采取绝缘包扎等措施	无要求
断路器时间参量测试	工作中存在回路接线错误、线圈烧毁导致断路器拒动风险	（1）拆接线必须以与现场一致的二次接线图纸为依据，严格执行二次安全技术措施单，解除的接线应用绝缘胶布及时包扎并固定。 （2）工作前确保工作电源可靠断开，正确选择万用表档位，确认回路已无电压后再进行相关试验。 （3）严格按线圈额定电压进行加压试验，严禁长时间加压并做好防止直流电源输出端子误碰的相关措施	无要求
一次设备在线监测装置安装	在线监测装置安装在 TV 屏柜内进行 TV 二次电压的接取，存在 TV 短路风险	（1）作业前对非工作区域的电压回路及其端子排做好绝缘封闭隔离措施，预留开放工作对象及相关端子排区域。 （2）工作中应使用绝缘包裹良好的工器具，测量电压回路时按照测试内容正确选择万用表档位，测量表笔金属裸露部位应采取绝缘包扎等措施。	继电保护确认

续表

工作内容	危险点	控制措施	涉及专业
一次设备在线监测装置安装	在线监测装置安装在TV屏柜内进行TV二次电压的接取，存在TV短路风险	（3）回路接入工作应严格按照经审批的设计图纸施工，接入前核实所接回路及端子编号与图纸设计一致，严格执行二次安全技术措施单	继电保护确认
	在线监测装置安装在TV屏柜内进行TV二次电压的接取，误接或误断运行中二次电压回路，存在保护误动风险	（1）作业前对非工作区域的电压回路及其端子排做好绝缘封闭隔离措施，根据工作需要预留开放工作对象及相关端子排区域。 （2）回路接入工作应严格按照经审批的设计图纸施工，接入前核实所接回路及端子编号与图纸设计一致。 （3）临时拆接线必须严格执行二次安全技术措施单进行详细记录并逐一恢复，禁止漏项。临时解除的接线应用绝缘胶布及时包扎并固定，防止造成短路或接地	继电保护确认
油色谱在线监测加装或维护	在主变压器本体端子箱或通风箱内进行接线作业时误动二次回路，存在设备误动或运行异常风险	（1）作业前对箱内非工作区域的元件、回路及其端子排做好绝缘封闭隔离措施，预留工作对象及相关端子排区域。 （2）回路接入作业应严格按图施工，接入前核实所接回路及端子编号与图纸设计一致。 （3）临时拆接线必须严格执行二次安全技术措施单，禁止漏项。解除的接线应用绝缘胶布及时包扎并固定，防止造成短路或接地	无要求
	网线敷设或接入中操作不当造成通信业务中断风险	（1）工作负责人认真监护，工作前需对运行资料进行核对，检查工作现场情况与运行图纸资料是否一致。 （2）涉及综合数据网业务接入时需提前办理通信资源需求申请，核实现场业务接入端口位置。 （3）现场作业时注意施工动作力度，避免拉扯到运行设备及线缆	无要求

3. 计量专业二次回路作业风险库

工作内容	危险点	控制措施	涉及专业
电能表更换	二次措施执行不当造成TA二次回路开路	（1）屏内作业前对非工作区域的电流回路及其端子排做好绝缘封闭隔离措施，根据工作需要预留开放工作对象及相关端子排区域。 （2）运行电流回路上作业需要对运行设备电流回路临时断开时，严格执行二次安全措施单。使用专用短接片或短接线对TA回路进行正确短接，并使用专用钳形电流表对回路进行验电，确保短接正确可靠后在实施断开连接片	无要求
	电能表二次电流回路串接其他运行装置，带电更换前未正确隔离导致运行装置异常	（1）屏柜内TA回路进行二次电流回路走向标识 （2）作业前用短接线（片）短接各相电流，同时使用钳形电流表监视各相电流变化情况，保证电流跨过计量设备正常跳通至其他串接运行装置，并用绝缘胶布密封非工作侧电流端子。 （3）实施断开TA二次电流回路或解除TA二次电流回路接线等隔离措施时，严格执行二次安全措施单，解除的接线应用绝缘胶布及时包扎并固定，防止造成接地	无要求
	误碰造成TV二次回路短路，导致跳TV计量组（测量组）二次总空气开关（测量与计量共用），引起误报“母线失压”信号	（1）作业前对非工作区域的电压回路及其端子排做好绝缘封闭隔离措施，根据工作需要预留开放工作对象及相关端子排区域，防止误碰运行二次电压回路。 （2）工作中应使用绝缘包裹良好的工器具，测量电压回路时应正确选择万用表档位，测量表笔金属裸露部位应采取绝缘包扎等措施。 （3）实施断开TV二次电压回路或解除TV二次电压回路接线等隔离措施时，严格执行二次安全措施单，解除的接线应用绝缘胶布及时包扎并固定，防止造成短路或接地	无要求
电流互感器角差、比差试验（停电作业）	误将试验量加入二次电流回路中，存在保护误动风险	（1）TA计量二次回路时必须认真查看图纸核对现场确认计量绕组，切勿误碰保护二次回路或将试验量加入二次电流保护回路中。	无要求

续表

工作内容	危险点	控 制 措 施	涉及专业
电流互感器角差、比差试验（停电作业）	误将试验量加入二次电流回路中，存在保护误动风险	（2）作业前在TA二次接线盒（柱）上或端子排处断开 TA 二次电流回路等隔离措施，正确短接TA侧电流回路端子，并用绝缘胶布密封保护侧电流回路端子。严格执行二次安全技术措施单，解除的接线应用绝缘胶布及时包扎并固定	无要求
	二次措施执行不到位或接线恢复错误，存在送电后TA开路风险	实施二次电流回路隔离措施时，严格执行二次安全技术措施单，恢复时必须按照该二次措施单逐项执行，禁止漏项	无要求
电压互感器角差、比差试验（停电作业）	误将试验量加入二次电压回路中，存在保护误动风险	（1）进行电压互感器一次加压试验前，应采用断开空气开关、切除连接片或拆除接线等物理隔离措施，严格执行二次安全技术措施单，解除的接线应用绝缘胶布及时包扎并固定，防止造成短路或接地。 （2）通过电压互感器二次侧电压回路进行加量试验前，应采用断开空气开关、切除连接片或拆除接线等措施，实现TV至保护侧的二次回路物理隔离，严格执行二次安全技术措施单，临时解除的接线应用绝缘胶布及时包扎并固定，防止造成短路或接地。 （3）接入试验线前必须用万用表测量待接端子确无电压后才可进行，测量时应正确选择万用表电压挡位，测量表笔金属裸露部位应采取绝缘包扎等措施	无要求
500kV 线路、主变器的计量二次回路接线检查	误碰保护绕组，造成多点接地而分流	（1）工作前查看图纸核对现场确认计量绕组，切勿误碰保护二次回路，工作时使用绝缘工器具并将端子箱内其他非工作设备及其二次端子用封条封贴做好隔离措施；不得造成TA二次回路短路或接地。 （2）在邻近位置工作时须保持足够距离，并采用绝缘材料保护裸露的二次电气部分以防误触碰	无要求
500kV 线路更换电能表	电能表屏TA二次回路、CVT 二次回路、交、直流回路	（1）在短接TA计量二次回路时必须使用合格的短接线或短路片，严禁用导线缠绕；短接时用钳形电流表监视回路电流值，确保短接牢固，防止造成TA二次回路开路。	无要求

续表

工作内容	危险点	控制措施	涉及专业
500kV 线路更换电能表	电能表屏TA二次回路、CVT 二次回路、交、直流回路	（2）拆下电能表的电压线、工作直流电源、电流线和 RS485 通信线的裸露部分必须使用绝缘胶布（套管）紧密牢固缠绕，并做好标记，严格执行“二次设备及回路工作安全技术措施单”，严禁计量电压二次回路短路或接地，严禁计量电流二次回路开路。 （3）恢复接线时必须按照“二次设备及回路工作安全技术措施单”执行，切勿将电压线接入电能表电流回路上，造成电压短路、电流开路	无要求

4. 通信专业二次回路作业风险库

工作内容	危险点	控制措施	涉及专业
通信室或主控室传输A网设备屏、传输B网设备屏、DDF配线屏传进行输通道测试	误碰、误动其他运行通道端口，导致生产实时控制业务通信通道中断风险	（1）工作前认真核对运行资料，检查工作现场情况与运行图纸资料应图实一致，禁止未经核对擅自拔插设备板卡、端子等操作。 （2）工作负责人认真监护，严格按照相关要求填写通信检修单，明确检修工作影响的业务范围，工作前后需与通信调度申请办理开工和经确认现场与网管状态无误后才能办理终结手续	无要求
ODF配线屏进行通道测试或跳纤工作	误碰、误动其他运行纤芯，导致生产实时控制业务通信通道中断的风险	工作负责人认真监护，工作前需对运行资料进行核对，检查工作现场情况与运行图纸资料是否一致	无要求
ODF配线屏进行纤芯性能测试工作	测试完毕后没有及时恢复运行纤芯状态，导致运行业务通信通道中断的风险	工作负责人认真监护，工作完成后需与通信调度进行业务通道状态确认，现场与网管状态无误后才能办理终结手续	无要求

续表

工作内容	危险点	控制措施	涉及专业
通信电源改接线	误拆除其他运行设备电源，导致通信设备非计划停运的风险	（1）工作前需对运行资料进行核对，检查工作现场情况与运行图纸资料是否一致。工作负责人认真监护。 （2）必要时办理通信工作票及二次措施单	无要求
直流配电设备检测	误碰运行设备电源，导致通信设备非计划停运的风险	（1）工作前需对运行资料进行核对，检查工作现场情况与运行图纸资料是否一致。工作负责人认真监护。 （2）必要时办理通信工作票及二次措施单	无要求
调度数据网设备屏进行通道测试	误删除配置数据，导致运行业务通信通道中断	（1）工作前进行现场运行资料核对，并做好数据备份，工作负责人认真监护。 （2）工作完成后需与通信调度进行业务通道状态确认，现场与网管状态无误后才能办理终结手续	无要求
主控室综合配线屏进行布线工作	误碰运行调度数据网交换机或其配线，导致运行业务通信通道中断	工作前需对运行资料进行核对，检查工作现场情况与运行图纸资料是否一致。工作负责人认真监护	无要求
综合数据网设备屏进行通道测试	误删除配置数据，导致综合数据网业务中断的风险	（1）工作前进行现场运行资料核对，并做好数据备份，工作负责人认真监护。 （2）工作完成后需与通信调度进行业务通道状态确认，现场与网管状态无误后才能办理终结手续	无要求
综合数据网设备屏进行布线工作	误碰运综合数据网交换机或其配线，导致综合数据网业务中断的风险	（1）工作前需对运行资料进行核对，检查工作现场情况与运行图纸资料是否一致。工作负责人认真监护。 （2）涉及综合数据网业务接入时需提前办理通信资源需求申请，核实现场业务接入端口位置。 （3）现场作业时注意施工动作力度，避免拉扯到运行设备及线缆	无要求
变电站构架、电缆沟施工对光缆的破坏	地埋光缆段遭外力破坏，导致通道中断造成保护不正确动作	（1）光缆从龙门架引下至站内电缆沟的地埋部分应采用镀锌钢管光缆外套管或建设电缆沟，并在地埋光缆段的路径上增加标示桩。	无要求

续表

工作内容	危险点	控制措施	涉及专业
变电站构架、电缆沟施工对光缆的破坏	地埋光缆段遭外力破坏，导致通道中断造成保护不正确动作	（2）光缆架空段、引下钢管段、地埋管道等光缆段应挂有清晰标示牌，地埋光缆段设置清晰可见的标示桩。 （3）涉及光缆施工的组织单位对现场勘察，进行光缆运行风险辨识，制定保护光缆的安全措施，并对施工单位落实安全技术交底工作	无要求
架空光缆迁改施工	误断其他运行光缆的风险	（1）涉及光缆施工的组织单位需对现场勘察，对迁改光缆进行现场核实，进行光缆运行风险辨识，制定保护光缆的安全措施，并对施工单位落实安全技术交底工作。 （2）涉及光缆的施工方案须经电力调度控制中心通信专业会签，并制定光缆中断的抢修应急处理方案。 （3）工作前后需与通信调度申请办理开工和终结手续。 （4）光缆架空段熔接头、余缆架应挂有清晰标示牌	无要求
OTN 项目500kV 变电站通信电源改造工作	通信机房、整流设备屏、直流配电设备屏内二次回路	（1）确保运维资料准确性，如资料与现场设备不相符，应排除疑问才可继续工作。 （2）单个空气开关接线时，必须把电源线后级设备的开关置于 OFF 状态。接线时，需使用包好绝缘胶布工器具并做好防护措施：不得造成正负极短路。 （3）在邻近位置工作时须保持足够距离，必须用绝缘胶布临时把相邻空气开关做临时遮挡，以防误触碰、误操作。 (4) 施工时需设专人监护，连接电源线区分正负极，核对需接入的空气开关标签与施工方案一致才可接入。 （5）多组电源线接入，每组电源线应做好标识	无要求

5. 运行专业二次回路作业风险库

工作内容	危险点	控制措施	涉及专业
清扫保护室各种二次屏柜工作	装置电源失电及保护屏内的二次回路接线松动或脱落	（1）清扫二次屏柜时，固定好打开的柜门，与保护装置保持足够的距离，避免误碰装置本身的电源开关，造成装置失电；	无要求

续表

工作内容	危险点	控制措施	涉及专业
清扫保护室各种二次屏柜工作	装置电源失电及保护屏内的二次回路接线松动或脱落	（2）保护屏内清洁注意使用绝缘的工器具，不要造成屏内二次回路接线松动或脱落	无要求
直流充电机交流电源切换工作	切换不成功造成直流系统失去交流输入电源	切换电源前，检查确认直流充电机的两路交流输入电源正常，交流配电单元切换开关在“互投”位置，如输入电源不正常或切换开关不在“互投”位置，严禁进行电源切换	无要求
站用交流电源备用电源自动投试验工作	切换不成功造成部分站用交流 380V 母线失压	切换电源前，检查确认站用电在正常运行方式：1 号站用变压器、2 号站用变压器分列运行，供全站 380V 负荷，备用电源自动投入充电正常，相关出口压板投退正确	无要求
测量记录蓄电池电压工作	蓄电池正负极短路或接地	测量蓄电池电压时，检查确认万用表挡位选择直流电压档，与蓄电池正负极保持一定距离，避免误触碰造成蓄电池正负极短路或者接地	无要求
直流系统倒母线操作工作	直流母线并列把手接触不良，造成直流母线失压	退出直流充电机及蓄电池组操作时，认真检查核实直流母线并列切换开关位置到位情况，确认直流母线并列成功后，再执行退出充电机的操作，避免直流母线失压	无要求
投入保护时压板测量工作	万用表档位使用不当造成保护动作跳闸	测量压板电压时检查万用表在电压挡位，检查万用表接线插孔不在电流插孔处，可提前将万用表电流挡位插孔做密封处理，避免误接线使用	无要求
220kV 母线 TV 由运行状态转为检修状态（母线并列运行）	220kV TV 接口屏内 220kV 两段母线电压切换开关 1BK 切换	220kV 母线 TV 退出运行时，需检查确认 220kV TV 接口屏内 220kV 两段母线电压切换开关 1BK 切换至“投入”位置，并且实际切换到位，再执行 TV 的停电操作，避免母线电压失压，影响保护装置运行	无要求
500kV 线路停送电操作	线路保护屏内中断路器检修把手 1QK 未切换，造成极端运行方式下保护不正确动作	500kV 线路停送电，由热备用转冷备用后应及时将 1QK 把手切换至中断路器检修位置（送电时相反）	无要求

续表

工作内容	危险点	控制措施	涉及专业
220k主变压器代路操作（有TA切换回路）	操作过程中没有切换TA回路造成跳闸，或TA回路开路。	（1）主变压器代路操作票需经过运检分部审核； （2）刚性执行操作票，保证不漏项，不跳项； （3）在保护屏处张贴各种方式下的TA运行图，以及操作注意事项； （4）TA回路切换完成后必须检查保护的情况，无异常后再继续操作	无要求
220k主变压器代路操作（无TA切换回路）	对220kV主变压器高、中侧有旁路的主接线，若因断路器代路而退出使用断路器TA的主变压器差动保护，则主变压器高压侧引线无速动保护，此时主变压器高压侧引线故障将引起220kV系统后备保护动作，扩大停电范围	对220kV主变压器高压、中压侧有旁路的主接线，目前需限制变压器中压侧断路器代路而退出使用断路器TA的主变压器差动保护的运行方式，必要时，可采取两侧同时代路	无要求

6. 自动化专业二次回路作业风险库

工作内容	危险点	控制措施	涉及专业
遥控功能验收	在未通知现场人员的情况下遥控开关（隔离开关），存在人员伤亡风险	（1）作业前，必须将除电容器断路器外其他运行设备的“远方/就地”控制开关操作把手切换至“就地”位置或退出相关设备的遥控出口压板，防止误遥控运行设备。 （2）遥控断路器、隔离开关试验前，必须确认传动设备现场无其他工作人员方可进行。若该设备存在其他作业人员且无法撤离时，应暂停遥控操作，并将相关设备的“远方/就地”KK操作把手切换至“就地”位置	无要求

续表

工作内容	危险点	控制措施	涉及专业
遥控功能验收	在未通知现场人员的情况下遥控开关（隔离开关），存在人员伤亡风险	或退出相关设备的遥控出口压板，防止误遥控设备对现场作业人员造成伤害。 （3）调度主站作业前核对遥控点号与厂站现场是否一致，遥控过程中执行遥控复诵，防止误遥控其他设备	无要求
	未将运行设备的操作把手切换至“就地”位置，存在误遥控运行设备风险	（1）作业前，必须将除电容器断路器外其他运行设备的“远方/就地”控制开关操作把手切换至“就地”位置或退出相关设备的遥控出口压板，防止误遥控运行设备。 （2）遥控断路器、隔离开关试验前，必须确认传动设备现场无其他工作人员方可进行。若该设备存在其他作业人员且无法撤离时，应暂停遥控操作，并将相关设备的“远方/就地”KK 操作把手切换至“就地”位置或退出相关设备的遥控出口压板，防止误遥控设备对现场作业人员造成伤害。 （3）调度主站作业前核对遥控点号与厂站现场是否一致，遥控过程中执行遥控复诵，防止误遥控其他设备	无要求
	调度主站遥控点号与厂站现场不一致，存在误遥控其他设备风险	（1）作业前，必须将除电容器断路器外其他运行设备的“远方/就地”KK 操作把手切换至“就地”位置或退出相关设备的遥控出口压板，防止误遥控运行设备。 （2）遥控断路器、隔离开关试验前，必须确认传动设备现场无其他工作人员方可进行。若该设备存在其他作业人员且无法撤离时，应暂停遥控操作，并将相关设备的“远方/就地”KK 操作把手切换至“就地”位置或退出相关设备的遥控出口压板，防止误遥控设备对现场作业人员造成伤害。 （3）调度主站作业前核对遥控点号与厂站现场是否一致，遥控过程中执行遥控复诵，防止误遥控其他设备	无要求

续表

工作内容	危险点	控制措施	涉及专业
远动装置主备机切换	在调度主站未做好安全措施及检查主备机数据同步情况下切换主备机，存在上送误数据至调度主站风险	（1）远动装置的定检、消缺等计划检修工作，需提前向相关调度机构填报调度检修票，经各级调度机构审批许可后方可开展工作。 （2）主备机切换前检查备机通道状态及与主机数据同步情况，确认与主机数据一致。 （3）主备机切换前向各级相关调度主站做好工作申请及数据封锁，切机完成后申请解除数据封锁	无要求
测控屏内电流、电压、控制等二次回路工作	屏柜中接有运行电流回路，屏内作业存在运行设备TA开路风险	（1）屏内作业前对非工作区域的电流回路及其端子排做好绝缘封闭隔离措施，根据工作需要预留开放工作对象及相关端子排区域，防止误碰误断运行二次电流回路。 （2）运行电流回路上作业需要对运行设备电流回路临时断开时，严格执行二次安全措施单进行详细记录并恢复。断开前使用专用短接片或短接线对TA回路进行正确短接，并使用专用钳形电流表对回路进行验电，确保短接正确可靠后在实施断开连接片	无要求
	屏柜中接有运行电压回路，屏内作业存在TV短路或接地风险	（1）作业前对非工作区域的电压回路及其端子排做好绝缘封闭隔离措施，根据工作需要预留开放工作对象及相关端子排区域，防止误碰运行二次电压回路。 （2）工作中应使用绝缘包裹良好的工器具，测量电压回路时按照测试内容正确选择万用表档位，测量表笔金属裸露部位应采取绝缘包扎等措施 （3）实施断开TV二次电压回路或解除TV二次电压回路接线等隔离措施时，严格执行二次安全措施单进行详细记录并恢复，临时解除的接线应用绝缘胶布及时包扎并固定，防止造成短路或接地	无要求

7. 电测专业二次回路作业风险库

工作内容	危险点	控制措施	涉及专业
主变压器温控器定检	（1）测温TA二次回路	（1）专人监护；检查前需先用螺丝刀对二次接线端子进行紧固。	无要求

续表

工作内容	危险点	控 制 措 施	涉及专业
主变压器温控器定检	（2）温控器开关触点所在回路	（2）专人监护；用于解接线用螺丝刀的本体金属部分必须有绝缘措施；需解开变送器二次接线的，必须使用二次措施单，解线前应进行验电，二次线应逐一解开，分别用绝缘胶布包好，并做好标记，必要时断开二次电源空气开关	无要求
电压监测仪定检或消缺	电压监测仪所在 TV 二次回路	专人监护；测量电压回路时注意万用表档位正确；用于解接线用螺丝刀的本体金属部分必须有绝缘措施；拆除的 TV 二次线时，必须使用二次措施单，解线前应进行验电，二次线应逐一解开，分别用绝缘胶布包好，并做好标记，必要时断开二次电源空气开关	无要求
主变压器本体绕组温控器（匹配器）接入主变压器套管 TA 电流回路或消缺	工作中存在误断运行二次电流回路或未正确恢复二次电流接线造成 TA 开路	（1）作业前对绕组温控器（匹配器）内的二次电流回路做好明显绝缘封闭隔离，防止误断二次电流回路。 （2）需要对运行中的二次电流回路临时断开时，严格执行二次安全措施单。使用专用短接片或短接线在主变压器本体端子箱处对套管 TA 侧回路进行正确短接，并使用专用钳形电流表对回路进行验电，确保短接正确可靠后再实施断开连接片，临时解除的接线应用绝缘胶布及时包扎并固定，防止造成接地	无要求
电能质量谐波测试	屏柜中接有运行电压回路，屏内作业存在 TV 短路风险	（1）作业前对非工作区域的二次电压回路及其端子排做好绝缘封闭隔离措施，预留开放工作对象及相关端子排区域，防止误碰运行二次电压回路。 （2）工作中应使用绝缘包裹良好的工器具，测量电压回路时按照测试内容正确选择万用表档位，测量表笔金属裸露部位应采取绝缘包扎等措施。 （3）断开 TV 二次电压回路或解除 TV 二次电压回路接线等隔离措施时，严格执行二次安全措施单，临时解除的接线应用绝缘胶布及时包扎并固定，防止造成短路或接地	无要求

续表

工作内容	危险点	控制措施	涉及专业
电能质量谐波测试	屏柜中接有运行电流回路，屏内作业存在运行设备TA开路风险	（1）屏内作业前对非工作区域的电流回路及其端子排做好绝缘封闭隔离措施，根据工作需要预留开放工作对象及相关端子排区域，防止误碰误断运行二次电流回路。 （2）装置测试线钳入电流回路前，要检查确保电流接线紧固可靠	无要求
电能质量在线监测装置定检或消缺	屏柜中接有运行电压回路，屏内作业存在TV短路风险	（1）作业前对非工作区域的二次电压回路及其端子排做好绝缘封闭隔离措施，预留开放工作对象及相关端子排区域，防止误碰运行二次电压回路。 （2）工作中应使用绝缘包裹良好的工器具，测量电压回路时按照测试内容正确选择万用表档位，测量表笔金属裸露部位应采取绝缘包扎等措施。 （3）断开TV二次电压回路或解除TV二次电压回路接线等隔离措施时，严格执行二次安全措施单，临时解除的接线应用绝缘胶布及时包扎并固定，防止造成短路或接地	无要求
	屏柜中接有运行电流回路，屏内作业存在运行设备TA开路风险	（1）屏内作业前对非工作区域的电流回路及其端子排做好绝缘封闭隔离措施，根据工作需要预留开放工作对象及相关端子排区域，防止误碰误断运行二次电流回路。 （2）需要临时断开运行设备电流回路时，严格执行二次安全措施单。断开前使用专用短接片或短接线对TA回路进行正确短接，并使用专用钳形电流表对回路进行验电，确保短接正确可靠后在实施断开连接片	无要求
	屏柜中电流回路串接其他运行装置，电流回路上作业存在误动运行设备风险	（1）屏柜内TA回路进行二次电流回路走向标识。 （2）作业前切除所在屏柜上的二次电流输入、输出回路连接片，短接二次电流输出回路装置侧端子，并用绝缘胶布密封非工作侧电流端子。 （3）实施断开TAT二次电流回路或解除TA二次电流回路接线等隔离措施时，严格	无要求

续表

工作内容	危险点	控制措施	涉及专业
电能质量在线监测系统加装	屏柜中电流回路串接其他运行装置，电流回路上作业存在误动运行设备风险	执行二次安全措施单，临时解除的接线应用绝缘胶布及时包扎并固定，防止造成接地。 （4）涉及其他专业的运行设备，要执行相应的措施，并得到相关专业允许后方能开展工作	无要求
	屏柜中接有运行电压回路，屏内作业存在TV短路风险	（1）作业前对非工作区域的二次电压回路及其端子排做好绝缘封闭隔离措施，预留开放工作对象及相关端子排区域，防止误碰运行二次电压回路。 （2）工作中应使用绝缘包裹良好的工器具，测量电压回路时按照测试内容正确选择万用表档位，测量表笔金属裸露部位应采取绝缘包扎等措施。 （3）断开TV二次电压回路或解除TV二次电压回路接线等隔离措施时，严格执行二次安全措施单，临时解除的接线应用绝缘胶布及时包扎并固定，防止造成短路或接地	无要求
	屏柜中接有运行电流回路，屏内作业存在运行设备TA开路风险	（1）屏内作业前对非工作区域的电流回路及其端子排做好绝缘封闭隔离措施，根据工作需要预留开放工作对象及相关端子排区域，防止误碰误断运行二次电流回路。 （2）需要临时断开运行设备电流回路时，严格执行二次安全措施单。断开前使用专用短接片或短接线对TA回路进行正确短接，并使用专用钳形电流表对回路进行验电，确保短接正确可靠后在实施断开连接片	无要求
	屏柜中电流回路串接其他运行装置，电流回路上作业存在误动运行设备风险	（1）屏柜内TA回路进行二次电流回路走向标识。 （2）作业前切除所在屏柜上的二次电流输入、输出回路连接片，短接二次电流输出回路装置侧端子，并用绝缘胶布密封非工作侧电流端子。 （3）实施断开TAT二次电流回路或解除TA二次电流回路接线等隔离措施时，严格	继电保护协助指导

续表

工作内容	危险点	控制措施	涉及专业
电能质量在线监测系统加装	屏柜中电流回路串接其他运行装置，电流回路上作业存在误动运行设备风险	执行二次安全措施单，临时解除的接线应用绝缘胶布及时包扎并固定，防止造成接地。 （4）涉及其他专业的运行设备，要执行相应的措施，并得到相关专业允许后方能开展工作	继电保护协助指导
	电能质量在线监测装置接入电网，导致自动化测控装置数据异常风险	（1）工作负责人按要求向调度自动化专业提交“调度自动化工作联系单”，申请测控装置数据屏蔽。 （2）现场操作前得到自动化数据屏蔽操作人员答复确认已经将数据屏蔽后，方能开展。 （3）工作结束后申请解除数据屏蔽	自动化确认

第三节　跨专业二次回路作业风险管控方法

“跨专业作业”是指各专业在设备分界点上进行的使邻近二次设备及回路暴露于作业环境中的作业，其风险后果是导致继电保护、安全自动装置或二次设备不正确动作。跨专业作业点多面广、安全风险非常隐蔽，职能管理部门应建立“跨专业作业风险会商制，对跨专业作业风险进行全方位辨识、形成跨专业作业风险库并提出控制措施，完善作业标准和作业指导书”的全过程闭环管控机制。

一、跨专业作业风险全过程闭环管控机制

1. 进行风险辨识，形成跨专业作业风险库，并提出控制措施

职能管理部门根据当年工作计划，组织各专业根据年度工作计划修编“二次回路跨专业作业风险库”，对跨专业工作的设备及二次回路进行风险辨识，梳理出风险较大的二次回路及其邻近区域上的作业，并对其提出有效的控制措施。

“二次回路跨专业作业风险库”作为开展作业风险评估的依据

之一，各专业人员应加强学习，并根据实际情况将其内容修编入作业指导书中。

2. 组织宣贯培训，提升人员意识与能力

职能管理部门组织各专业一线班组员工及外施工单位人员参加跨专业作业风险管控能力培训，培训内容包括“继电保护和安自类二次设备及回路工作安全技术措施单管理要求”和“二次回路跨专业作业风险库”，目的是让作业人员养成主动识别作业现场是否存在或邻近二次设备及回路工作的风险意识，并具备隔离风险和控制风险的能力。

3. 完善风险可视化标识，并持续改进本质安全

各变电运行管理单位针对“二次回路跨专业作业风险库”梳理出来的较高风险二次回路，通过安健环项目完善风险可视化警示标识，提升目视化警示效果。

各专业针对“二次回路跨专业作业风险库”提出改善作业环境、降低作业风险的技术措施意见及建议，职能管理部门收集后根据实际情况纳入相关的技改修理项目实施中。

4. 落实二次回路跨专业作业风险会商机制

涉及 220、500kV 电流互感器、电压互感器二次回路及其邻近区域的跨专业作业，作业班组应在工作前主动发起跨专业作业风险会商机制，主动联系属地变电运行管理单位继电保护专业共同辨识风险，提出管控措施，变电运行管理单位应派继电保护专业人员到现场监督、指导二次回路措施的落实。

举例说明：在 220、500kV 电流互感器、电压互感器本体接线盒、端子箱、汇控柜处的跨专业作业，只要打开盖子、箱门、柜门，使里面的二次设备和回路暴露在作业环境中，例如变电站 TA 端子箱加热器维护工作、TA 接线盒防潮封堵工作、接线盒端子箱改造等，作业班组就应主动联系属地变电运行管理单位继电保护专业共同辨识风险，提出管控措施，变电运行管理单位运检中心派出具备继电保护专业资格的人员到现场监督、指导二次回

路措施的落实。

5. 刚性执行跨专业作业风险管控措施

根据“谁开展工作，谁落实二次安全措施”的原则，作业班组应主动识别现场作业风险，按以下要求刚性执行跨专业作业风险管控措施。

（1）不需要解、接线的跨专业作业，必须做好防误触碰、误接地、误短路的措施，如使用绝缘材料密封工器具及邻近二次回路的金属裸露部分，采取措施确保邻近二次设备电源空气开关不跳闸、继电器不动作（包括但不限于瓦斯继电器、断路器机构内的三相不一致动作继电器、各种时间继电器），采取措施保护邻近二次电缆绝缘不受破坏，不野蛮施工，不使用暴力拉拽二次电缆等。

（2）需要解、接线的跨专业作业，必须严格按照“继电保护和安自类二次设备及回路工作安全技术措施单管理要求”，填写二次设备及回路工作安全技术措施单，并参照“二次回路跨专业作业风险库”的要求落实完备的安全措施。

（3）跨专业作业风险主要控制措施。

1）对易引起误触碰事件的电流电压回路、失灵启动回路、联跳回路等应密封，做好物理隔离，防止误碰。

2）拆除二次回路的外部电缆后，应立即用绝缘胶布分别包扎好电缆芯线头金属裸露部分，重新接入前不得拆除胶布。

3）若工作设备与其他运行设备组合在同一面屏（柜）时，应对同屏运行设备及其端子排采取防护措施，如用绝缘胶布贴住或用塑料扣板扣住端子。

4）在涉及运行设备、运行回路的互感器接线盒、断路器汇控柜（端子箱）等位置作业时，工作过程中需采取防止工作人员身体、工器具或风吹等误碰运行设备（如跳闸继电器，表计等）和运行回路（如接线、压板、端子排等）的措施，如拆除或固定接线盒门，固定打开的汇控柜门、在跳闸继电器或跳闸回路前设置隔离挡板等。

5）在停电检修电流互感器接线盒工作时，应在最靠近停电检修 TA 的汇控箱（端子箱）端子排处，打开检修 TA 对应的二次电流回路端子连接片，端子连接片靠近保护侧禁止短接但必须密封，防范二次电流回路多点接地、失去接地点和试验电流误注入运行中的保护、安全自动装置等风险。

6. 双管齐下，监督跨专业风险管控措施落实情况

（1）职能管理部门根据“二次回路跨专业作业风险库”掌握当年跨专业作业计划概况，针对工期长、比较复杂的作业开展飞行检查，现场抽查跨专业作业风险管控措施落实情况，并在月度安全生产分析会上进行通报。

（2）在月度“两票”会审中，职能管理部门对二次设备及回路工作安全技术措施单的使用和填写情况加强审核，查找各单位在使用上存在的问题，及时发现不安全苗头加以整改。

7. 年度回顾改进

每年年底，职能管理部门组织各专业开展跨专业作业风险管控回顾，主要对风险评估全面性、作业标准完善性、风险标识可视化性、控制措施有效性以及措施执行情况进行回顾分析、总结经验、查找不足、提出改进建议，为次年更新修编风险库、持续优化风险管控方式、改善本质安全提供支撑，切实提升管控效果。

二、跨专业作业二次安全措施管控流程图

各专业班组在停电检修单上识别本作业是否涉及二次回路，报变电站继电保护专业管理确认，再报送各级调度继电保护专业管理确认审批，审批完成后作业班组办理工作票及填写二次措施单，继电保护专业班组协助或确认作业班组所做二次措施，继电保护专业班组确认作业班恢复所做安全措施，最后工作终结。如图 4-35 所示。

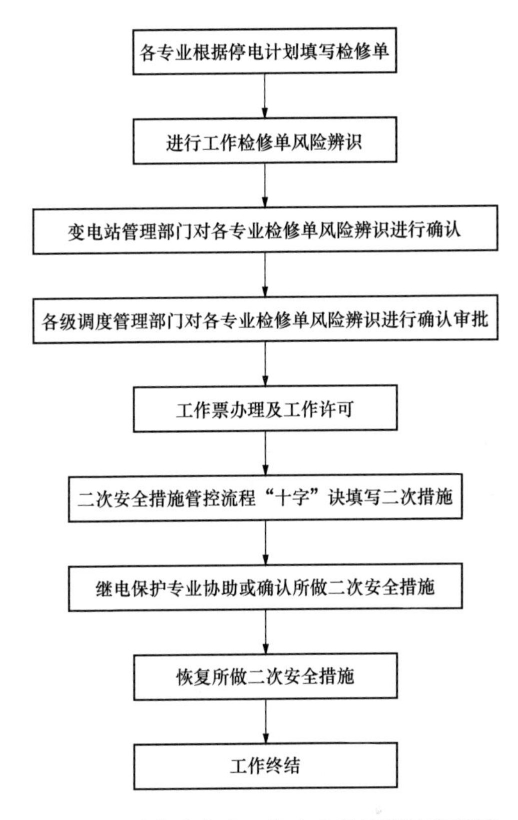

图 4-35　跨专业作业二次安全措施管控流程图

参 考 文 献

［1］南方电网继电保护、安全自动装置及其二次回路工作安全技术措施单管理要求（试行）.
［2］GB 26860—2011 电力安全工作规程（发电厂和变电站电气部分）.
［3］DL 408—1991 电业安全工作规程（发电厂和变电所电气部分）.
［4］Q/GSG 510001—2015 中国南方电网有限责任公司电力安全工作规程.
［5］Q/CSG 1205005—2016 工作票实施规范（发电、变电部分）.
［6］Q/CSG 125008—2016 电气操作导则.